アント・ワールド

～アリの世界～

エドワード・O・ウィルソン＝著
大河原恭祐＝監訳　川岸 史＝訳

NEWTON PRESS

Japanese translation rights arranged with
W. W. NORTON & COMPANY, INC.
through Japan UNI Agency, Inc., Tokyo

Jacket design：Yang Kim
Jacket photograph：Rick Friedman ／ Getty Images

4ページイラスト：塚状の巣をつくるシロアリの捕食に特化したアフリカの戦うアリ，マタベレアリ（*Megaponera analis*）。ジンバブエでは，「長い盾をもつ男」と呼ばれている。（ティモ・ヴュルツ画）

アント・ワールド
～アリの世界～

はじめに

アリの法則

足元をじっと見たことがある人なら誰でも（南極や北極の氷床に住んでいるのでもなければ），アリを見たことがあるだろう。そして，アリという社会的な生き物の，とくに人間との関係について耳にしたことがあるはずだ。アリは世界を動かす小さな生き物たちの中でも，人間に利益をもたらすとか，いやその逆だとかいわれている。アリが築く社会は，形式や多様性といった面から見ても，人間社会に引けを取らない。そして，そこには驚くほどの豊かさがある。もしも人類が，アフリカの草原で偶然にも霊長類として誕生し，世界中に広がっていなかったら，ほかの恒星系からの訪問者（私の言葉をお忘れなきように。彼らはいずれ来る）は，地球を「アリの惑星」と呼ぶはずだ。

私は80年以上もの年月を，この偉大な昆虫の研究に費やしてきた。本書はその経験をもとに書かれている。ワシントンDCとアラバマ州の中等学校に通っていたころから，強い気持ちで学問に邁進し，やがてハーバード大学教授となり，同大学の比較動物学博物館昆虫部門キュレーターも務めた。本書では，自分や仲間たちの研究から学んだ重要な事柄の一端を伝えている。ちなみに，私や研究者仲間は，科学の世界では「アリ学者」と呼ばれている。私が今までに書いた30冊以上の本のほとんどは，学術的なものだった。だが，この本は違う。本書はアリ学の驚きに満ちた物語を，身体的・知的冒険心にあふれた，いわば冒険物語として描いた初めての作品なのだ。

私としては，「将来は科学に関わる仕事に携わりたい」と思っている学生たちに，ぜひ本書を読んでもらいたい（10歳でも早すぎることはない）。なにしろ，議論すべきテーマは広範囲にわたる。既存のアリの自然史や生物学は，これまでに発見され，名前がつけられ，細心の注意をはらって研究されてきた15,000種以上のアリのごく一部をカバーしているにすぎない。また，アリ以外にも100万種以上の昆虫やクモ，そのほかの節足動物にも注目すべきだ。生物圏のこの辺りが未来の研究者たちによってもっと研究されれば，人間も含めたこの世界はよりよいものになるだろう。

ところで，アリについて何気なく聞かれる質問で一番多いのは，「キッチンに来るアリはどうしたらいいですか？」というものだが，私の答えはこうだ。まずは小さな命を踏みつぶさないよう，足元に気をつけること。そして，できれば即席アリ学者になって，アリを科学的に研究してみてはいかがだろうか。もっと言わせてもらうなら，なぜこのすばらしき小さな昆虫がキッチンを訪れてはいけないのか，と問いたい。アリは病気を運んだりしないし，むしろ病気を運ぶほかの昆虫を退治してくれる益虫としての側面もある。しかも人間はアリの100万倍も大きいではないか。両手でアリのコロニー全体を包むことだってできる。人間のほうがアリを怖がらせているのだ。そういった意味で，アリのほうが人間の家に来るべきではないといえるだろう。

キッチンに来るアリに餌を与え，そこで見たものについて，想像をふくらませてみよう。まったく知らない国へ旅をしている気分になるはずだ。床やシンクに，親指の爪ほどの大きさの食べ物をいくつか置いておこう。家に出るアリは，ハチミツ，砂糖水，刻んだナッツ，ツナ缶をとくに好む。近くにいる偵察役のアリがすぐに餌のひとつを見つけるだろうし，コロニー全体が腹を空かせていれば，喜び勇んで巣に戻るだろう。それから，人間の感覚からすると異星人のようにも見える社会的行動を起こすはずだ。ほかの惑星でも，同じことが行われているのかもしれない。

1章

アリと人間：道徳と勝利

今からアリ学の世界を見て回るツアーを始めるわけだが，ひとつ注意しておこう。アリの生活には，われわれがモラル向上のために真似できるもの，見習うべきものは何ひとつない。

第一に(これが一番重要な点でもあるのだが)，コロニーという社会生活の中で活躍しているアリは，すべてメスなのだ。私は人間社会では熱心なフェミニストだが，アリに関しては，誕生してから1億5000万年の間にジェンダーリベラリズムが暴走したことを考慮に入れるべきだと思う。メスがすべての主導権を握っているのだ。働くアリや周囲を調べるアリ，戦地に赴くアリ(「虐殺者」といってよいほど徹底的に戦う)は，すべてメスである。それに比べると，大人のオスのアリは，哀れな生き物といえよう。彼らには飛ぶための翅《はね》と大きな眼，生殖器，小さな頭脳だけがある。オスは母親や姉妹のために働いたりしない。生涯で果たすべき役割はただひとつ。結婚飛行中に，ほかのコロニーの新女王アリを妊娠させることだけだ。

この状況をできるだけ簡単にいうと，オスは空飛ぶ精子ミサイルにすぎない，ということになる。一度飛び立ったオスは，故郷の巣に戻ることはできない。だが，うまく行けば，種によっては何百万もの娘や息子からなる新しいコロニーの父親になることもある。繁殖に成功してもしなくても，飛び立ったあとは，雨や暑さ，捕食者のえじきになるなどの理由で，数時間から，長くても数日のうちに死ぬ運命にある。ただ家にいることは，オスには許されない。仕事もないし，コロニーの負担になるだけだからだ。結婚飛行のあとも居座ろうものなら，姉妹たちに追い出されてしまうのだ。

第二の理由は，アリの道徳教訓リストにある。絶対的なメスの支配のあとに待っているのはもっと恐ろしいことで，アリの多くの種は，死んだ仲間，さらには怪我をした仲間さえも食べてしまうのだ。高齢アリやハンディキャップをもつアリは，コロニーに負担をかけないために，自ら巣を出るようプログラムされている。巣の中で死んだ場合は，体から腐敗臭，とくにオレイン酸とその構造をもった成分の臭いが放たれるまで，仰向けで6本の肢を宙に突き出した状態であっても，放置されてしまう。死臭がしたら，コロニーのゴミ山に運ばれて捨てられる。体が原形をとどめないほどズタズタになって死んだ場合は，姉妹に食べられてしまうだろう。

第三に，これも道徳的にいかがなものかと思われる性質なのだが，アリはあらゆる動物の中で最も好戦的であり，とくに同じ種のコロニーと争うときには，ひどく凶暴になるのだ。ほとんどのアリは，ほかのコロニーの絶滅を目標に掲げているし，原則的には，より大きなコロニーが，より小さなコロニーを打ち負かす。彼らの戦いは，ワーテルローやゲティスバーグの戦いのミニチュア版だ。私は兵士の遺体が散らばる戦場を目にしたこともあるのだが，その遺体の多くが，年老いた女性であることが，のちにわかった。大人の働きアリは，年を取れば取るほど，コロニーのためにますます危険な仕事をするようになる。生まれてすぐのころは，ほとんどのアリが女王アリとその子どもたちの世話役をする。卵から幼虫，それから蛹《さなぎ》となり，羽化して大人の姿になるまで面倒を見るのだ。

次に巣の修理や，巣の中で必要な雑務をこなすようになる。最終的には，巣の外へ出て，見張りから食糧徴発隊，護衛兵，戦士へと活躍するようになる。要するに，人間が若い兵士を戦場に送り込むのに対し，アリは老婦人を戦場に送り込む，ということだ。

アリにとっては，コロニーのために働くことが何より大事なのだ。どの働きアリも高齢化して自然に死ぬ日が来るのだから，高齢アリが危険な任務をこなしつつ最後の日々を過ごすほうが，コロニーの利益になる。ダーウィンの説は正しい。コロニーにとっては，高齢アリはたいした労働力にならない，いなくてもいい存在だから，こうなっているのだ。

このように，うまく組織化された集団レベルで進化したおかげで，世界で15,000種以上のアリ類が確認されるほどに，アリは繁栄をきわめた。アリは，体重1～100mgの陸生肉食動物の中では，最も数が多い優占種なのだ。シロアリは，正確にはアリではないのだが，枯れ木を食べる動物の中の優占種だ。アリとシロアリは，少なくとも陸生動物の中では，「世界を牛耳《ぎゅうじ》る小動物」といってよいだろう。たとえばブラジルの熱帯雨林では，昆虫のバイオマス（一定の空間に存在する生物の量）の3/4，動物のバイオマスの1/4以上を占めているのだ。

アリが地球上で活躍するようになってからの時間は，人間の100倍以上になる。アリの誕生は，推定約1億5000万年前とされている（分子生物学的な手法を用いた計算ではそうなる）。その後，爬虫類の時代が終わるまでの約1億年の間に，無数の解剖学的形態に分岐した。第二段階目のそうした適応放散（同一グループの生物が，異なった生態的地位に適応する形で，異なる形態・系統に分岐すること）は，哺乳類の初期の時代に発生した。それに対して，現生人類がアフリカに出現したのは，わずか100万年前のことである。

過去1億年の間に，地球外生命体がいつどのタイミングで地球を訪れていても，陸地を覆うたくさんの生き物を発見しただろう。彼らは，動植物の中でもアリが優位を占めていること，そのおかげで動植物の健康が保たれ，数を減らさずに済んでいる面もあることに気づいたはずだ。そして地球外生命体は，アリ学者になっていただろう。彼らはアリだけでなく，シロアリやそのほかの高度な社会性をもつ生き物も見つけただろうし，それらはいささか奇妙な存在ではあるが，そのためにこそ，地球のほぼすべての陸生生態系が安定して存続するうえで，重要な力となっていることに気づいただろう。

地球外生命体は，地球について，母星にこう報告するかもしれない。「万事順調だ。当面は」と。

2章

生物学者が誕生するまで

自然は，いわば女神のようなものだ。それも，人間の支配を超えたところにあるすべての存在を司《つかさど》る女神といえよう。人類は，女神と女神の生み出したものを愛するという幸運に恵まれている。穏やかに沈む夕陽から，激しいかんしゃくのような雷雨まで。または生物圏を越えた先にある空っぽの広大な空間から，生物圏の中で繁栄する多様性まで。われわれにしても，つい最近この中へ偶然加わったにすぎないのだ。

自然を愛することも，ひとつの宗教の形だと私は思う。生物学者はその宗教に，聖職者として仕えているようなものだ。女神が私たちを暗闇から光へと導いてくれると信じている。自然を崇拝する宗教に従う者にとって，女神はあまたの宗教の中でも究極の約束をしてくれる。女神は自然というものに，この地球上での永遠性を与えた。そして自然の一部である，種としての人間も，永遠性を得ているのだ。

私の場合は，伝統的な信仰と科学的な信仰が若いころに融合して，このような人生になったのだと思う。公立の学校で働いていたころは，生物学の研究職に就くための準備にほとんどの時間を費やしていたが，恵まれていたとつくづく感じる。私は専任の生物学者になることを夢見ていたのだ。ほかの選択肢を考えたことはなく，だからほかの授業やスポーツ，社会活動にはあまり興味がなかった。

だが，特殊な家庭環境で育った影響から，平穏な心は脅かされてもいた。ひとりっ子として四人の両親のもとで育った私は，多くの町や都市を住み歩いた結果，11学年までの学生生活の間に15校もの学校に通うことになった。このように複雑な環境で育ったため，心が混乱したようだ。父のエドワード・ウィルソンと母のイーネズは，私が8歳のときに離婚した。1930年代は離婚すること自体がまれな時代で，その手続き中に，私は厳しいことで有名なガルフ・コースト・ミリタリー・アカデミー（メキシコ湾岸軍隊組織学校）に一学期の間だけ預けられた。あれは実に閉鎖的な学校であった。それから両親は，金を払って私をベル・ロブ（いつも「マザー・ロブ」と呼んでいた）というおばあさんのもとに預けた。彼女は本当に優しかった。料理も得意で，とくに独特な味つけのフライドグリッツケーキは絶品であった。幼い少年の目から見れば，マザー・ロブは，あらゆる保護者の中でも最高の存在だった。彼女は私の好きなことをほとんど何でもさせてくれたものだが，ひとつだけ例外があった。酒を飲んだり，タバコを吸ったり，ギャンブルをしたりしないと神に誓わせたのだ。そして何よりも，心の底からイエスを愛すると誓うように言われた。われらの救い主は，ときどきそばに来て話を聞いてくれるのだと，彼女は約束してくれた。「イエスは実際に来てくれないじゃないか」と私が文句を言ったときには，「イエス様は部屋の天井の隅のようなところに，光のきらめきとして現れるのかも」と困ったように言うこともあった。

やがて私は，イエスが姿を現さないことなど，どうでもよくなった。興味の矛先《ほこさき》が別のものへ移ったのだ。マザー・ロブの家はフロリダ州ペンサコーラのイースト・リー・ストリート1524番地にあった。その近くにある中等学校に通っていた当時の私は，彼女に励まされながら，近所の家や空き地，通り沿いで見つけたあらゆる種類の昆虫をコレクションするようになったのだ。当時の私と同世代だった子供たちはみな，その冒険的な遊びに魅了されていたが，私は今でも同じことをさらに大きな規模で行っている。それは現代の生態学における重要なデータ収集手順である全分類群生物多様性インベントリー（ATBI：All Taxa Biodiversity Inventory）の先駆けとなった。当時の私はほかにも，マザー・ロブが玄関ポーチや家中のいたるところに置いていた熱帯植物に水をやったり，自分のペットとして飼っていた赤ちゃんワニに餌をやったり，中国まで行ってやろうと裏庭に穴を掘ったりしていた。

だがそういった，いかにも少年らしい遊び以上に大きな影響を与えてくれたのは，母がクリスマスのプレゼントにくれた子供用の複式顕微鏡だった。私はこれを使って，池からとった水滴の中に生息するワムシやゾウリムシなどの微生物を何時間も観察した。このときの経験は，私のその後の人生に強烈な影響を与えることとなった。そのときから私は何も変わっていない。新種の動植物を求めて，世界各地にある未知の生息地を訪れるたびに，あのころと同じ感動を味わっているのだ。

1939年，私が10歳のとき，フロリダ州のマザー・ロブのもとを離れることになった。そして，当時は公務員だった父と，継母のパールと一緒にワシントンDCのフェアモント・ストリートにあるアパートに住むことになった。

それは私の人生で最も幸せな出来事のひとつだった。家がスミソニアン国立動物園（略して「国立動物園」と呼ばれている）からわずか5ブロックの場所にあったからだ。さらにその世界各国の大型動物たちが生息するワンダーランドの先には，ロック・クリーク公園の森と牧草地が広がっていた。

図書館にあった『ナショナルジオグラフィック』誌のきらめくような

美しい写真とフィールドガイドに魅了されたこと，国立動物園へ無料で入れたこと，ワシントンDCの原野を探検したこと。そういった経験から，私はやがてチョウを熱烈に愛するようになった。ときには学校の勉強を休み，大規模なチョウの標本のコレクションをつくることもあった。主な道具はピンと標本箱，そしてパールがつくってくれた捕虫網だった（これのおかげで，新たな冒険に出かけるたび，どこでも簡単にネットをつくれるようになった。まず，ホウキを切ったものを柄にして，そこへコート・ハンガーを丸くなるよう曲げながら取りつける。その縁にさらし布を縫いつけて袋状にすれば，捕虫網の完成だ）。私は，ワシントンDCとその周辺を飛ぶ多種にわたるチョウの，ほとんどの場所を特定し，網で捕まえられるようになった。そして今でもなお，そのときの出来事すべてを鮮明に覚えている。庭先にはたくさんのヒョウモンチョウがいた。駐車してある車の周辺を行ったり来たりして縄張り争いをしているヨーロッパアカタテハや，頭上を駆け抜けてゆくトラフアゲハも見たし，オオタスキアゲハのようなものも見た（樹冠の中に飛び込んで見えなくなってしまったが）。数え切れないほどのモンキチョウ，ヒメシジミ，シジミチョウ，モンシロチョウ，そしてすばらしいことにシロチョウ科の在来種の標本も一点つくることができた！　冬を越すキベリタテハも探したが，それは一度も見つからなかった。

今，私に捕虫網とワシントンDCで過ごす春と夏（それと地元警察に見せるための許可証）を与えてくれたら，大喜びであの日の冒険に繰り出すだろう。

私の自然界への興味は，時間とともに深まり，さらに多くのテーマや場所を探索するようになった。当時の私は親友のエリス・マクラウドに大いに助けられた。彼はそれからおよそ20年後にイリノイ大学の昆虫学教授となっている（同じころに私はハーバード大学で同じ職に就いた）。少年だったわれわれは，やがてアリに興味をもつようになった。二人とも，当時の国立動物園の園長であったウィリアム・M・マンが『ナショナルジオグラフィック』誌に寄せた論文「蔓延するアリ，野蛮なものと洗練されたもの」に魅了されたのだ。ちょうどそのころの私は，まさにその動物園を訪れて大型動物を見たり，動物園内にある庭園でチョウを捕ったりしていた。偶然の一致は続くもので，マンはそれ以前にハーバード大学のウィリアム・モートン・ホイーラー教授の下で博士号を取得している。また，マンは，私がハーバード大学比較動物学博物館昆虫部門キュレーターになる前に同職に就いていたうえ，ハーバード大学比較動物学博物館のアリのコレクションを構築し始めた人物でもある（マンの功績は大きかった）。

マンは論文「蔓延するアリ，野蛮なものと洗練されたもの」の中で，主に熱帯の国で見られる種について説明している。それを読んだ，当時10歳だったエリスと私は，ワシントンDCで唯一見つけることができるアリがレイバーデイアント（*Lasius neoniger*）だけなのだと知った。彼らの小さなクレーター状の巣は，アメリカ東部全域の裏庭や庭園，ゴルフコースなどに多くつくられており，その一般名は「レイバーデイ」（毎年9月の第1月曜日に定められているアメリカの祝日。「労働者の日」の意）の前後1週間ほどの間に降る大雨のあとに，交尾のためにオスと新女王アリの群れが現れることに由来する。

だがこの芽生えかけた興味は，その後ほどなくして断たれる。ワシントンDCに2年ほど住んだのち，われわれ家族三人は，アラバマ州のモービルという都市に移り住んだのだ。ここは1820年代から，父方の祖父や曾祖父など，一族の多くが住んでいた場所であった。父方の祖母であるメアリー・ウィルソンが亡くなったあとに残されたのは，父とその弟のハーバート，そして曾祖父が建てた大きな家だった。

ところが幸運なことに，家の近くには，またしても驚くほど豊かな自然環境が待ち受けていた。モービル湾のドックエリアには，もともとは沼地であった場所や植林地，緑が生い茂る空き地などが広がっていたのだ。シュウィン社製の新しいバルーンタイヤ自転車に乗れば，野生と半野生が混在する豊かな自然の生息地に,すぐにたどり着くことができた。たとえばドッグ川とファウル川の交わるところや，シダーポイントへの道，そして最後には，ドーフィン島へ行くためのドックへつながる未舗装の道まで行けたのだ。そこでチョウやアリと触れ合う時間が増え，興味の対象がさらに多くの種類の昆虫に広がった。また，メキシコ湾沿岸に多く生息していたヘビや，そのほかの爬虫類にも関心を注ぐようになった。

さらにその後，ペンサコーラの北，フロリダ州パンハンドルの国境近くに位置するアラバマ州の小さな町ブリュートンに移住したことで，私の生物学者になりたいという思いはますます深まり，確固たるものとなった。人口5900人ほどの落ち着いたこの町は，人も家もいかにも田舎風の牧歌的な雰囲気で，辺りは「湿地」に囲まれていた（その湿地とは，淡水の小川の氾濫によってできた，緑が生い茂る平坦な低地だった）。そこはセントラルガルフコースト教区の一部で，現在では北米で最も豊かな陸生動物の多様性をもつ地域だとされている。そこには32種のヘビ，14種のカメが生息しており（メコンデルタやアマゾン流域の一部に匹敵する動物相だ），さらに驚くほど多くの淡水魚やザリガニ，軟体動物などもいるうえ，アリやチョウ，そのほかの昆虫がいたるところに生息していた。

数十年後，私は『アリ塚』という小説に，南部の架空の町「クレイビル」を登場させたが，これはブリュートンをモデルにしている（この作品は嬉しいことに，2010年のハートランド賞を受賞した。アメリカの生活をテーマにした小説に送られる賞だ）。ブリュートンは私の功績を称え，自然公園に私の名前を冠してくれた。その公園は比較的広く，片側はバーントコーン・クリーク（1813年の戦いでレッドスティックスと呼ばれていたクリーク族の兵士たちが，アラバマの民兵団を倒した土地だ）の方向に伸びており，また別の片側はマーダー・クリーク（銃弾を買うためペンサコーラへ向かう途中の，開拓初期のブリュートン住民が山賊に襲われ，殺された土地だ）の方向に向かっている。

10代のころの私が，当時同年代だった仲間たちから信頼されるようになったのは，まず周辺地域で初めてボーイスカウトに入り，最高ランクであるイーグルスカウトに選ばれたことが大きかった。次に，フットボールチームの3列目に立つディフェンシブエンドの補欠を務めていたことも理由のひとつだろう（私がプレーするように呼ばれたのは一度きりだった。優勝した決勝戦の最後の1分で，「ウィルソン，左エンドを頼む」と言われたのが，何とも誇らしい思い出だ）。そして最後に，毒のあるヌママムシを素手で捕まえ，ヘビが苦手な仲間たちの前で披露したことも大きいと思う（以下にウィルソン流のヘビの捕まえ方を紹介するが，経験豊富な大人向けの方法だ。子供は真似しないように。まずヘビが逃げようとしたら，安全な距離を保ちつつ，先端を切って短くしたホウキで捕まえる。それを前に転がして頭全体を固定したら，ヘビの頭のすぐ後ろを手でつかみ，そのままヘビ全体を持ち上げ，口を開けた袋の中に落とすのだ）。当時の仲間はみな「A.C.」や「チップ」「バズ」「ラスティ」などのニックネームで呼ばれていたが，私は「スネーク」という称号で呼ばれていた。これは彼らが言うところの「いかにも南部らしいこと」のひとつだった。のちには，プロフットボールチームのランニングバックが，守備陣のラインを這うように進んだことで同じ称号を獲得したようだ。

3章

ふさわしい種

1945年の夏，私が16歳の誕生日を迎えて間もなくのころ，父が引っ越しを決めた。アラバマ州の沿岸都市モービルから北へ542km（337マイル）離れたディケーターという町へ移ったのだ。ディケーターはアラバマ州北部の中心にある町で，テネシー川が流れている。町自体もその周辺も，小さな港町になっており，私にとっては新たな自然の世界が広がっているように感じられた。それは私の人生と科学者としてのキャリアに，とりわけ深い影響を与えてくれたように思う。

父のエドワード・ウィルソン・シニアが，プロの旅行家とでも呼びたいくらいに引っ越しを繰り返していたのは，アメリカ南部の農村部の町や農場に電力を供給する農村電化局の会計監査の仕事をしていたためだった。仕事場の近くに住みたいと考えた父は，単身赴任ではなく，数年ごとに家族全員で引っ越す道を選んだのだ。

こうした放浪を続けた結果，大学に入るまでの公立教育を受けていた期間，私は三つの州とコロンビア特別区にある16の町や市に住み，15校もの学校に通うことになった。

それは気力を奪われるような慌ただしい日々で，思春期の少年にはつらいものがあった。そこで私は，自然の奥深くに目を向けることで適応しようとした。新しい友達をつくることが難しいとき，よくある少年グループや派閥，やんちゃな遊び仲間の輪に入りづらいと感じたときは，

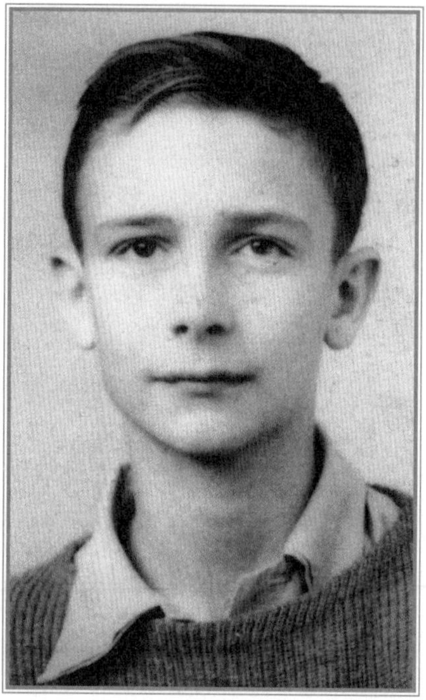

14歳のエド・ウィルソン。興味の対象がアリに移る前の，チョウ，アシナガバエ，ヘビに夢中だったころ。

代わりに自然の生息地に目を向けるようにした。そうして確実に慣れ親しんだ環境を見つけていったのだ。

それゆえに，夏の間はいつも自転車で駆け回り，ディケーターやその周辺，さらにその先の雑木林や原生林の中に生き残る野生環境の断片を探した。一番野生的な場所は，テネシー川を越えたところにあった。第二次大戦中に多くの人々が捨て去った場所で，荒れ果てたままだったのだ。人気《ひとけ》はほとんどなく，誰かいたとしても遠くに見える程度だった。

ディケーターの近くに自然の洞窟を発見した私は，軽度の閉所恐怖症であるにもかかわらず，真っ暗闇の中を分け入り，白色のザリガニやそのほかの真洞窟性動物などを見つけた。まるで「地下を探索する専門家」

という科学的な役職に任命されたかのように振る舞っていたのだ。幸いなことに，私は洞窟の中でも迷うことはなかった。洞窟の入り口に置いた自転車が目にとまらなければ，誰も私の居場所を探せなかっただろう。だが少なくとも，道に迷って数時間以上が経つなんてことはなかったし，それはほかの野生環境を探索している間も同じだった。

本書を書いている現時点では，ディケーターに移り住んだ日から75年という月日がすぎている。当時の私が，高校生活の中で認められたり，人気者になったり，友達をつくったりといったことにあまり興味を示さなかったのは，幸運だったと思う。私の最高にして唯一の野望は，生物学に関する何がしかの専門家になること，そのために科学を学ぶことであった。だから当時の私は，大学進学の準備を進めていたのだ。ディケーターの家にあった私の部屋は，高校の標準的な参考書や教科書だけでなく，北米の動植物のフィールドガイドであふれていた。

文字通り何百万もの種が，世界中の自然環境に生息し，21世紀に入った今もなお存在している。そのうちの何かひとつの種を研究することが，科学者としてのキャリアの始まりになるのだと私は理解していた。そこで，当時10代だった私は，特定の種や種のクラスターを研究する最善の方法を見つけるよりも，ふさわしい種を選ぶべきだと考えたのだ（ほかの研究職志望者たちも，大概はそうすべきだと思う）。私は，賢明な選択さえできれば，科学者としてのキャリアが，早ければ大学1年生から始められることに気づいていた。

だが，それには勇気と野心が必要だった。父方でも母方でも，大学まで進んだ親族がおらず，大学教育を受けるのは並大抵のことではなかったのだ。また，金も足りなかった。第一次大戦で兵役に就いていた父には，戦争の後遺症もあった。父は軍隊で会計係の仕事について学んだが，それ以外にまともに終えた教育といえば，中等教育までだ。そんな状況から険しい道を進み，立派な仕事をこなすようになった父を私は尊敬するようになった。父の生きざまを見て，職業としての科学者，生物学者になるために必要なことは何でもするという決意も固めた。当時の私は，大学院課程がある大規模な総合大学に行くべきだと思い込んでいたが，数年後には，小規模な私立四年制大学であるリベラルアーツ・カレッジでも，目的は果たせると気づいた。

そして私は，最終学年のときにディケーターで募集がかかっていたヴァンダービルト大学の奨学金プログラムに，とくに惹かれるようになった。自分の野望につながる道だと信じ，入学試験も受けた。しかし，努力はしたのだが，奨学金をもらうどころか，奨学金なしの普通の生徒としても不合格となった。それから数十年後，ヴァンダービルト大学に新設された科学センターの落成式でスピーチをしたとき，実は昔ここの受験に落ちたのだと笑い話にしたが，もちろん恨んでなどいない。

それから私は気づき始めた。アメリカ人の若者の多くがそうなのだが，大学に通うために必要な金は，両親が用意してくれるわずかな額と，自分で稼いで貯めた分でまかなうしかないのだと。だから最終学年のときには，見つけた仕事に手あたり次第に応募して働き，金を貯めた。新聞配達や雑誌のセールスマン，安物雑貨店でソーダを売る店員，デパートの在庫係，最後は地元の製鉄所の事務員と，次々に仕事をこなし，必死で努力して金を稼いだ。1946年の夏の終わり，製鉄所を辞める準備をしていたとき，勤めていた部署の上司に「エド，君は大学に行く必要などないよ。このまま製鉄所にいなさい。高校の卒業証書をもっているのだろう。それで十分じゃないか」と言われたのを覚えている。

それで十分かどうかは，考えないことにした。いずれにしても，アラバマ州議会が私を救ってくれたのだ。救うというのは大げさかもしれないが，その当時の議員たちが，私のアラバマ大学入学につながる法律を制定してくれたのは事実だ（まったく予期せぬことだったが）。第二次世界大戦が終わり，従軍経験者に大学レベルの教育支援を保証するG.I.法案が可決されたことで，キャンパスが帰国した退役軍人で溢れ返ることを議員たちは予見していたのだ。だから州の居住者で，高校を卒業した者であれば，誰でもアラバマ州の大学に入学できるという法律が可決された。私は退役軍人ではなかったが，ほかの二つの基本的な要件をクリアしたため，申請すれば州内でも有数の大学に入学することができたのだ。今日に至るまで，私がアラバマ大学で最も誠実な卒業生の一人であり続けていることは，疑うべくもない。

さて，ここで大きな選択を迫られることになった。アラバマ大学への入学が決まった私は，単一種であれ，近縁種のグループであれ，どの昆虫を研究対象とすべきかを決めなくてはならない。世界的な権威となるため，生物学者としてのキャリアをスタートさせるためには何を選ぶべきか。そう考えた私は，ディケーター周辺の動物相や植物相を調べるフィールド調査を行った。テネシー川の近くで釣りをしたり，パーチからアリゲーターガーまで，地元に生息する魚類の種の名前をすべて覚えたり，地元の森林地帯でヘビを探したり，近くの洞穴で洞窟棲《どうくつせい》甲虫類や肉食のコオロギ類を探したりした。そして私は，大学レベルの昆虫全般の研究を独学で始めたのだ。

はじめに考えていたのは，数億年前にさかのぼると思われる小さな生態系を形成する奇妙な種であった。海綿動物は，世界中のどこでも見られる，浅い海に生息する原始の生き物だが，淡水の小川や湖に生息する種もあちこちで見つけられる。農場の端にある手つかずの小川で，私は厚い層になった川床にコロニーが育っているのを見つけた。そこにはユニークな生態系があった。古代から生息しているカゲロウ類という毛虫に似た昆虫の幼体がかじった跡があったのだ。海綿動物とそれに寄生する昆虫が織りなす生態系で，すばらしい発見だった。だが私は，大学でもそれ以降の研究でも，海綿動物とそれに寄生するカゲロウ類を研究対象に選ぶのをやめた。彼らは希少で，どこでも見つかるわけではなかったからだ。

「足の長いもの」という意味の学名をもつアシナガバエ科も同じことだった。私は庭のいたるところでアシナガバエを見つけたし，そうそう見逃すこともなかった。その小さな体は，日光の屈折により，メタリックグリーンがかった金色に光った。彼らが葉の表面をジグザグに移動したり，回転したりするときは，ダンサーのように足を高く持ち上げるのだが，その足は肉眼では見えないくらい細かった。アシナガバエも普通のハエではない。一般的な見解では，彼らは汚物や死骸に群がるハエではなく，自分と同じかそれより小さいサイズの昆虫を捕食する益虫だ。

私は，アシナガバエ科に属するハエの5000種以上が世界中の科学者によってすでに明らかにされていること，さらに多くの種の発見と研究が待たれていることを書籍で知った。彼らの生態は，大部分が手つかずのままだったのだ。ここには生涯をかけて科学的な研究するのにふさわしいテーマがあると思えたし，この分野を深く理解し，広く周知させる専門家が待たれているようにも見えた。私は将来の自分の姿を思い描くこともできた。「エドワード・O・ウィルソンはアシナガバエ科の専門家であり，スミソニアン博物館で働くハエ学者でもある。アマゾンやパタゴニア，コンゴなどへ，網と瓶を携えて行う遠征を計画中」といった具合だ。

しかし，その後，私はそれ以上に胸が躍る研究対象を発見した。というよりも，おそらくは神の導きによって，彼らが私を発見してくれたのだ。彼らとは，アリのことである。次章で詳しく説明しよう。

17歳のエド・ウィルソン。1946年9月，アラバマ大学に到着した日に。

4章

グンタイアリ

人目につかないビバークから這い出たコロニーが，我が家の裏庭に押し寄せた。彼らはローマ軍がたくさん集まったような巨大な軍勢で，3，4列に並んで行進していたのだ。それは，グンタイアリの働きアリと兵隊アリだった。そこには10万匹以上もの個体がいて，コロニーの中心である女王アリ（親指の先くらいの大きさだ）とともに古い拠点から新しい拠点へと高速で移動していた。どのアリも，前方を進む偵察アリが分泌したフェロモンの痕跡をたどり，前後左右を姉妹アリたちに囲まれて走っていた。そのときビバークから庭へ移動していたアリの群れは，ほどけたロープのようにも見えた。

私はそのアリの隊列と一緒に歩いていたのだが，その終着点で，あるものを見つけて驚いた。隊列の後衛にはアリだけでなく，小さな甲虫とセイヨウシミも複数いたからだ。こんな風にコロニーの大移動についてくるものを社会寄生種と呼ぶこと，グンタイアリに属するあらゆる種のコロニーによく見られる特徴であることなどは，それからしばらくして知った。そういった寄生種は，宿主に捕食されたり刺されたりしないよう気をつけながら，できるだけ多く食べ物のかけらを集めようとするのだ。

これものちに知ったことだが，そのとき行進していたのは，グンタイアリの小型種であるヒメグンタイアリ属（*Neivamyrmex*）と思われる種のコロニーだった。ディケーターという町は，グンタイアリに属するあらゆる種が生息する地域のうちでも，北限に近い場所だったのだ。

そして私は，アラバマ大学に入って間もなく，この種との再会を果たした。アラバマ州にあるハリケーン・クリーク付近の森で，腐ったマツの丸太の中にグンタイアリのビバークを発見したのだ。私はライフサイクルの中でもちょうど穏やかな時期にあったこのコロニー全体を綿密に調べるため，すくい上げて研究室に運んだ。当時の生物学部の本拠地であったジョサイアノットホールの廊下をアリに行進させないようにと厳しく言われていたものの，ともかく私は停滞期の彼らを研究することができたのだ。そうして，その研究のさなか，私は驚くべき発見をした。かつてディケーターで見た行進に混ざっていたはずのセイヨウシミは一

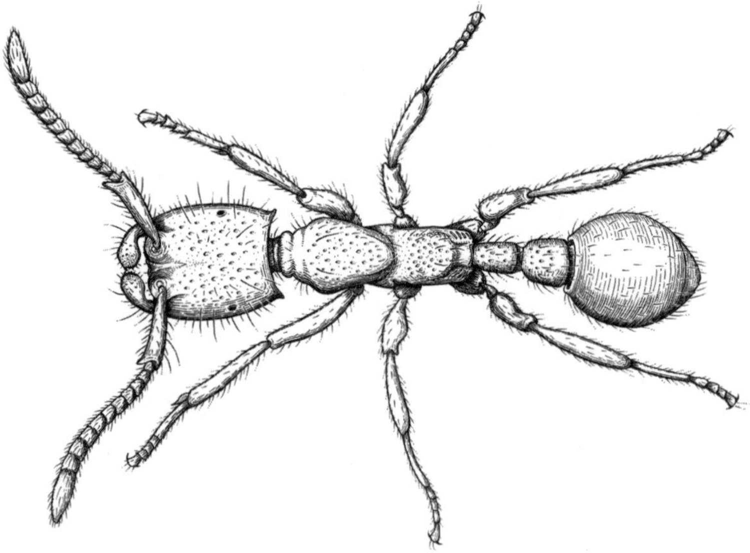

ヒメグンタイアリ属（*Neivamyrmex*）の働きアリ（クリステン・オーア画）。アメリカでは，北はテネシー川まで生息が確認されている。

匹もおらず，代わりに地球上で最も小さな種類の甲虫が大量に見つかったのである。あとでわかったことだが，彼らはパラリムロデス属（*Paralimulodes*）の仲間で，南アメリカ以外では，そのとき初めて発見されたのだった。彼らは硬くて短い肢で，アリの体の上を軽やかに飛び跳ね，こちらのアリからとなりのアリへと，どんどん飛び回っていた。その動きはノミのように見えた。それから，彼らは何を食べているのかという疑問が浮かんだが，その答えは予想外のものだった。彼らは，自分より大きい宿主の体表面についた油性の液体を舐め，それを栄養源としていたのだ。一方，アリたちはというと，そういった甲虫たちの振舞いを気にしていないように見えた。捕まえようとも，追い払おうともしていなかったのだ。

それから数年後，ルイジアナ州へフィールド調査に出かけた際，林床《りんしょう》に敷いたエアマットレスで寝ていた私は，それまでとは違った形でグンタイアリに遭遇した。夜中にふと目が覚めたとき，マットレスの上にも私の体の上にもアリが群がっていることに気がついたのだ。彼らは同じヒメグンタイアリ属のアリかその近縁種で，新しいビバークに向かって行進しているように見えた。彼らにとって私の体は，アラバマ州の自宅にあった庭のフェンスと同じく，移動時の障害物でしかなかったようだ。

グンタイアリの行動は，人間から見ればもちろん奇妙に映るのだろうが，アリの進化という1億年以上にもわたる壮大なドラマの中で見れば，見事な成功を収めているとしかいいようがない。なにしろ，ヨーロッパと南極を除くすべての大陸に，グンタイアリ（近縁種も含めたグループ）とそれに類する複数の属が存在するからだ。そのうちのひとつであるヒメグンタイアリ属は北アメリカに生息しており，南下したものは熱帯地方にも生息している。ほかにも，獰猛《どうもう》なグンタイアリ属（*Eciton*）は，カール・スティーヴンソンが1938年に発表した有名な短編小説『黒い絨毯《じゅうたん》』にヒントを与えたことで知られている。ちなみにその小説は，1954年に同名で映画化された。主演のチャールトン・ヘストンとエレノア・パーカーが，噛んだり刺したりして攻撃してくる大量のグンタイアリ属から勇ましくカカオ農園を守るという話だった。そして，グンタイアリの中でもとくに強いのが，アフリカに生息するサスライアリ属（*Dorylus, Anomma*）で，最も獰猛とされるグンタイアリ属に匹敵するか，それを越える強さをもつとされている。

グンタイアリ属は，多くの場合，下層植生に生息しており，あちらからこちらへと頻繁に移動を繰り返す。また，ビバークや食糧徴発隊の中に侵入しようとする者を即座に攻撃して，殺すことさえできる。彼らの多くは，兵隊アリのカーストを形成しており，そこには長い三日月刀のような形をした大顎《おおあご》で戦う兵隊アリが大勢いる。そのため，コロニーの研究はますます難しいものとなっている。この困難をかいくぐって見事な功績を残したのが，心理学者から昆虫学者に転身したセオドア・C・シュネラだ。1933年から1965年までグンタイアリ属のフィールド調査を行った人物だ。そして1960年代には，シュネラに比肩するほど優秀な弟子であったカール・W・レッテンマイヤーが，シュネラの仮説の正しさを裏づけつつ，詳細な研究論文を書いた。のちに私は2人の論文とほかの研究者たちの論文を編集し，1971年に『昆虫の社会』という一冊の本にまとめた。

私がまだ若き科学者だったころ，シュネラと面識があり，彼の研究を間近に見ることができたのだが，彼は穏やかさと情熱を併せもった人物で，自身の研究に没頭し，真剣に取り組んでいたことをよく覚えている。彼は二つの大きな目標を掲げており，やがてある成果を生み出すこととなった。その第一の目標とは，この複雑に組織化されながらも，本能に突き動かされるように行動する社会性昆虫を徹底的に理解することだった。そして第二の目標は，心理学者でもある彼ならではのアプローチだった。アリたちそれぞれが学んだことが，アリの習性というものを形づくっていると信じ，それを示そうとしたのだ。脳が小さい昆虫に備わった明確な本能が学習の産物であるならば，ほかのすべての行動も同様であろうというのが，シュネラの仮説だった。そんな風に，経験と学習を重視するという研究の切り口は，1920年代から1960年代にかけて，政治的な意味でたいへん人気があった。それは優生学を否定し，個人主義的民主主義を提唱する人々に希望を与えるものであったからだ。しかし，シュネラとレッテンマイヤーによるグンタイアリの生物学的研究は，本当にすばらしいものだった。彼らの研究がイデオロギーの影響を受けてなされたものだとは思えない。彼らはアリを見たままに描写しただけなのだ。

二人の昆虫学者がなし遂げた研究の中でも，バーチェルグンタイアリ（*Eciton burchelli*）という種に関するものは，出色の出来であった。この種は，一般的なグンタイアリとしては珍しい「集団襲撃（swam raiding）」と呼ばれる狩りを行う。まず，働きアリが密集した群れから這《は》い出て，扇状に広がる。そして幅広い隊列を組み，そのまま前に進む。それから後退するときは，扇状の形を尻すぼみにしてビバークに戻るのだ。バーチェルグンタイアリの群れには圧倒的な力がある。最初に，働きアリの大多数がビバークから出発する。15万～70万匹もの個体たちの，生きた巨大な塊だ。彼らが形成する扇状の隊列は，時速約20mで前方に広がっていく。そして川や深い裂け目に出くわすと，前方の働きアリたちが，肢と顎をつなぎ合わせて即席の橋をつくるのだ。

隊列をなして進む集団襲撃中のアリは，本当に恐ろしいもので，前述の『黒い絨毯』に出てくる襲撃シーンなどは，むしろ小規模なほうである。シュネラは論文で次のように書いている。「バーチェルグンタイアリの集団での襲撃は，恐ろしい被害をもたらす。その進路上にいて逃げおくれた動物たちをすべて食い尽くしてしまうのだ」。さらに彼はこう続ける。

> 彼らがふだん狩る獲物には，タランチュラ，サソリ，カブトムシ，ゴキブリ，バッタ，そしてほかのアリや多くの森に生息する昆虫の成虫と幼虫が含まれている。その大規模な狩りから逃れられるものは少ない。私は，アリに殺されたヘビやトカゲ，ひな鳥を幾度となく見たことがあるが，そういった比較的大きな脊椎動物がアリに殺されるときは，間違いなくケガか，あるいはほかの何らかの事情で逃げることができず，アリに刺されたり，窒息させられたりして殺されていた。

バーチェルグンタイアリの集団襲撃は，熱帯雨林の林床にブンブンと振り下ろされる生きた大鎌のようにも見える。昆虫学者の観察によれば，パナマ運河にあるバロ・コロラド島（面積は約16km^2）では，常時約50のコロニーが活動中である。各コロニーは，半日で最大200mほど移動する。彼らの音は，遠くからでも聞こえる。最初にアリの足音が聞こえ，続いてアリから逃げる獲物のサラサラいう音やシューシューいう音が聞こえるのだ。それから，彼らに群がる捕食寄生性のハエのブンブンうなる音も聞こえる。そして最後に，逃げる獲物を分け前としていただこうとするアリドリが発する10種類の鳴き声を聞くことができる。昆虫やクモ，あるいはほかの無脊椎動物の数と多様性は，そうしたコロニーが集団で通り過ぎるたびに激減するわけだが，それは些細なことである。バロ・コロラド島全体に影響を及ぼすほどのものではないのだ。グンタイアリのコロニーに関しては，掃除機のようなものだと考えるよりは，ジャガーやピューマのような大型肉食動物50頭ほどに相当するとイメージしたほうが妥当だ。もちろんアリたちは，大型肉食動物のようにシカやペッカリー（中南米に生息するペッカリー科のイノシシの総称）を捕食するわけではなく，細かく分類できる，多種多様な小さい生き物を捕食しているわけだが。

生態系を維持するには，一次食料生産者の存在が欠かせない。このカテゴリーにはアリも含まれるし，アリに寄生する多種多様な生き物も含まれる。私がアラバマ州でヒメグンタイアリ属と初めて出会ったときには，セイヨウシミや未確認の甲虫などで構成される，寄食者の小さな集団を発見した。一方，カール・レッテンマイヤーや後世の研究者たちは，アメリカの熱帯地方にあるグンタイアリのコロニーで，数百種にも及ぶグンタイアリの寄食者を発見している。それらを以下に挙げてみよう。タマゴグモ，キルコキリバニド・マイト，コックスエクセソミド・マイト，トゲダニ，プラノディシド・マイト，ヒサシダニ，ハエダニ，ネオパラシティド・マイト，シラミダニ，メナシシミ，オサムシ，リムロディド・ビートル，ハネカクシ，エンマムシ，タイコバエ，メバエ，ヤドリバエ，ディアプリド・ワスプなどである。

このレッテンマイヤーのリストが不完全であることは確かだ。だが，今までに知ることができた寄生者と捕食者の種類など，たいした問題ではない。それよりも，長い歳月をかけて進化し，グンタイアリという宿主に寄生して生きられるようになった寄食者たちの手腕のほうが印象的で胸に残る。たとえばメナシシミや甲虫のリムロディド・ビートルは，アリの体によじ登り，分泌物を餌にしつつ，アリがビバークに持ち込んだ食べ物をかすめとっている。ほかにも，ダニの1種であるキルコキリバニド･マイトは兵隊アリの長い大顎の内側の曲面に乗って生きている。アンテネクエソマ属（*Antennequesoma*）のダニは，洗濯バサミのような形をしていて，働きアリの触角の基部に死ぬまでくっついている。アリヅカエンマムシ属（*Euxenister*）は，長い肢を宿主の中腹部に固定して，馬に乗る騎手のように働きアリに乗っている。そしておそらく最も驚くべきは，ハエダニ属（*Macrocheles*）である。彼らは働きアリの後肢の先端に付着し，そこから血を吸うのだが，その状態でアリの「肢の一部」としての役割も果たしており，宿主の走行を妨げないようにしている。

グンタイアリと寄食者が織りなす奇妙な世界は，寄生生物学の大切なルールを思い出させてくれる。それは，病気を引き起こす細菌から，人間の犯罪者に至るまでが実践しているものだ。そして，一番うまくやっている寄生者とは，できるだけ宿主に被害を与えないようにしているものなのだ。

5章

ヒアリ

ある日，私はドーフィン島（アラバマ州にあるメキシコ湾の主要な堡《ほ》礁《しょう》島だ）の中心にいて，フィールドチェアに腰かけていた。そしてふと，無謀なことをしたいという衝動に駆られた。そのとき私はテレビのスペシャル番組『アリの王』の撮影中で，足元にヒアリの巣（ドーム状のアリ塚）を置いた状態で，カメラの前でヒアリについて話しているところだった。それまで何度も思ったことではあったが，なぜこの昆虫が「火」の「アリ」と呼ばれているのかについて考えていた。もちろん私もヒアリに刺されたことがある。この悪名高い害虫が生息する地域において，屋外で働く人の大半が刺されているだろう。そして普通は，刺してきたヒアリをすぐに手で追い払う。痛くなるのも刺された部分だけで，たいていはすぐに収まるものだ。

だが私は知っていた。ヒアリは人間を死に至らしめることもあるのだと。だから，これだけは覚えておいてほしい。ヒアリの巣の上に座ったり，立ったり，倒れ込んだりしてはいけない。ヒアリの毒にアレルギー反応を起こした場合，アナフィラキシーショックを引き起こすこともあるからだ。また，小さな子供が転んでヒアリの巣に触れた場合，ヒアリの大群に集中攻撃されて，命の危険にさらされることもある。

だから私は，こんな衝動に駆られたのだ。「今まさにカメラが回っているところだ。この映像は，永久に残るかもしれない。だったら，自分

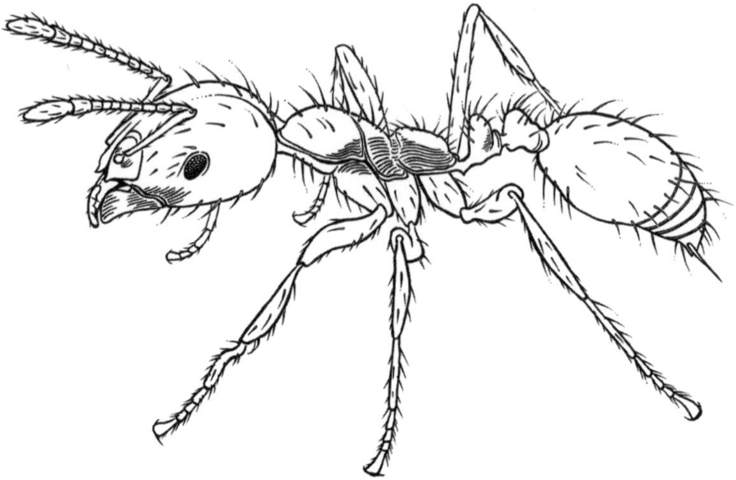

ヒアリの働きアリ（クリステン・オーア画）。もとは温帯性の南アメリカの湿地帯に生息していたが，アラバマ州モービル港に偶然持ち込まれ，その後世界各地に主要害虫として蔓延した。

がヒアリの大群に集中攻撃されてみたらいいんじゃないか。そうすれば，ひと目で危険性がわかる。ヒアリ（*Solenopsis invicta*）が火アリと呼ばれている理由がしっかり伝わるだろう」。そう思いついてからすぐに，私は左手（右利きなので左手だ）を手首まで巣に突き刺し，5秒ほどそのままにした。それから引き抜き，腕に刺さった大量のヒアリを手で払った。

そのわずかな時間でも，ヒアリの群れは私の手を駆け上がり，ひっきりなしに皮膚を刺そうとした。また何匹かは，前腕をあたふたと駆け上がり，私の体のほかの部分を目指そうとしていた。コロニーはもちろん，人間の手が入ってくることなど知らなかったが，一瞬のうちに獰猛な反応を返してきた。生死に関わる劇的な状況で，ヒアリは敵よりもすばやく動くことができたのだ。

すぐに訪れた痛みは，耐え難いものだった。私はその場で番組の制作スタッフたちに説明したのだが，自分の手に灯油を注いで火をつけたも同然だった。54匹ものアリに，数秒のうちに手と手首を刺されたのだ。数は54匹で間違いない。ヒアリに刺された箇所には，もれなく膿疱《のうほう》ができるからだ。燃えるように熱くなったその部分を掻くと，感染症を引き起こす可能性もある。ヒアリたちは，こう忠告しているようだった。「われわれの住まいに入ってくるな」と。

同じ日に，もうひとつ注目すべき出来事があった。ドーフィン島は，ユカタン半島からカリブ海を越えて北上してくる鳥たちの目的地として

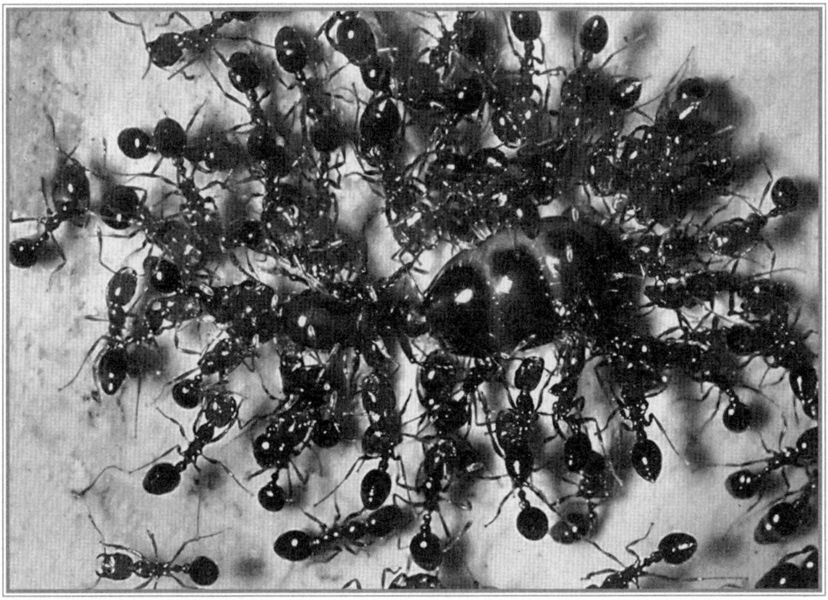

娘である働きアリたちに囲まれた，ヒアリの女王アリ（ウォルター・R・チンケル撮影）。働きアリの数は，数十万匹に上ることもある。働きアリは女王アリの強力なフェロモンに引き寄せられている。

有名であるとともに，ヒアリの巣が密集してつくられていることでも知られている。この島を撮りたいという依頼に応えて，撮影クルーをここまで連れてきたのだ。私はこの恐ろしい昆虫の習性や社会的行動を観察したり，説明したりするためにふさわしい場所が，たくさん見つかると思っていた。

しかし，カメラの準備が済んでも，撮影すべきものはなかなか見つからなかった。撮影クルーと私は，島の端から端まで移動し，自然の生息地や住民たちの家の庭，はては商業ビルまで探したが，ヒアリに関するものは何も見つからなかった。さらに探した結果，ようやく鳥類保護区内に二つのヒアリの巣を見つけたため，そのうちのひとつをヒアリに刺されないようにするためのデモンストレーションに使うことになった。だが，なぜたった一晩でヒアリのコロニーが消滅してしまったのか？まるで巨大な手がコロニーを駆逐したかのようだった。そして実際，それに近いことが起こったのだ。

私はその理屈を知っていた。まず，水がヒアリの巣の周辺まで上昇したり，巣の一番下の部屋に入ったりすると，コロニー全体が団結するのだ。働きアリは入り口付近に集結し，ひとつの塊になる。女王アリは，歩いたり，押されたり，引かれたりしながら，塊の中に取り込まれる。まだ働けないほど若いアリや，卵，幼虫，蛹もその塊の中へ運ばれ，女王アリのそばに置かれる。水位が地表にまで達すると，コロニーの一部が「いかだ」となり，水に浮かぶ。そうしてできたヒアリの「いかだ」は，少しでも高い土地を求めて旅に出る。新天地に着いたら，また働きアリが新しくドーム状の巣をつくるのだ。

この行動は，原始的な本能に基づいている。「いかだ」が，洪水の水位より高い，静止した物体にぶつかると，偵察アリはそこに乗って駆け出し，調査を始める。それが木の枝であろうと，水に沈んだ木であろうと，それなりに高さのある乾いた土地（生き延びるにはこれがベストだ）であろうと同じことだ。上陸できそうであれば，さらに多くの偵察アリが駆り出される。巣がつくれそうだと判断されると，さらに多くの働きアリが上陸し，女王アリとその子供たちを移動させる。避難民となった働きアリたちが一丸となって，新しい巣を一からつくるのだ。

私は以前，洪水であふれたクーサ川をわたる列車に乗って，バーミンガムまで行ったことがある。水がレールの限界まで達していたため，列車はゆっくりと動いていた。そして，ときおり止まったため，私はそのたびに四方八方を長い間観察した。その広大な氾濫原には，何百ものヒアリの「いかだ」が，いたるところに浮かんでいたのだ。ゆっくりと列車に向かってくるものもあれば，列車の周りを漂っているものもあり，下流へと流れていくものもあった。彼らは，新しい生息地を求める巨大な難民の群れであった。

そろそろ話を締めくくろう。ドーフィン島のヒアリのほとんどはどうなったのか？　コロニーはどこに行ってしまったのか？　答えはこうだ。私と撮影クルーが到着する前日，島には降水量254mmの雨が降っていた。これくらいの規模の豪雨は，アメリカのこの地域では珍しくない。アラバマ州のモービルとフロリダ州のパナマシティ付近は，ノースカロライナ州のハイランドと肩を並べるくらい，北アメリカのどの地方より多い降水量を誇るのだ。われわれがドーフィン島に到着したときには太陽がさんさんと輝いていたが，まだ25mmか50mm程度の雨水が島の大部分を覆っていた。そして，溢れた雨水が地中に染み出したのだ。嵐が吹き荒れる中，早い段階で，雨水の大部分が北のモービル湾へ流れ込み，その汽水（塩分を含んだ水。淡水と海水が混在したもの）が東のメキシコ湾に流れ込んだ。こんな風にして，ドーフィン島のヒアリたちは洪水に遭ったのだと思う。彼らは自分たちの体をつなぎ合わせた「いかだ」で移住したのだ。偉大なるマフィア映画『ゴッドファーザー』の有名なセリフを引用するなら，「ヒアリたちは海の底」というわけだ。

6章

ヒアリはいかにして環境の歴史をつくったか

1942年の夏，私たち家族は，アラバマ州モービルのチャールストン通りに住んでいた。築100年以上の我が家に隣接した空き地には，4種のアリが生息していた。4種で間違いない。その数には確信があるのだ。なぜなら，不潔な廃墟や地面，雑草やゴミの山など隅々まで調べたからだ。私は手と膝を地面につき，捕虫網を使って，その周辺をくまなく頭に入れていた。自分が使っていた寝室や，食事をとるためのキッチンでも同じことをした。空き地に生息していたアリのすべてのコロニーの位置を，今でも鮮明に覚えている。おかげで，コロニーの大きさや習性についても，少しは学ぶことができた。今では彼らの学名も知っている。

1942年当時の私は野心家の13歳で，ボーイスカウトに入っていた。いつか，はるか遠くのジャングルまで遠征したい，その探検隊を率いたいという夢を抱き，その準備をしていたのだ。私は空き地で，現在ATBI（All Taxa Biodiversity Inventory）と呼ばれている手法を考案した。ある一定の空間と時間の中で，選ばれた生物グループのすべての種を特定するという手法だ。その手順は単純なのだが，ときとして難しくなる。

その夏，高温多湿のモービルで，私が研究対象とした動物相はアリだった。そのとき私が空き地で見つけたアリは，おそらく神の導きだろう，当時の私の想像をはるかに超えたものであった。

1942年の夏，アラバマ州モービルの旧ウィルソン家に隣接する空き地で，捕虫網を手にする13歳のエド・ウィルソン。ヒアリの巣の近くに立つこの写真は，アメリカで最初のヒアリの記録となった。

私が空き地で最初に見つけたのは，アギトアリ属の*Odontomachus brunneus*のコロニーだった。強靭な下顎をもつ大きな黒いアリで，彼らに刺されると激痛が走る。そのコロニーの巣は，捨てられた屋根板と土が混ざり合って，イチジクの木の下に溜まったところにつくられていた。二番目に見つけたのは，小さな黄色のオオズアリ属の*Pheidole floridana*だ。そのコロニーは，ウイスキーの空き瓶の下にあった。そのアリは，ほぼ1年を通じてそこに生息しており，瓶を慎重に持ち上げさえすれば，その姿を見ることができた。三番目に見つけたのは，アルゼンチンアリ（*Linepithema humile*）だった。南アメリカ全土で見られる害虫で，そのときは我が家の前庭との境にあるフェンスの腐った部分にいたのだ。暖かな天気の日には，この種が長い列をつくり，食糧を求めて空地へ向かっているのを見ることもあった。

それから私は，「生涯最高の」といってもいいほどの発見をした。少なくとも，少年時代に発見した中では，最高のものであった。私はあるアリの巣を見つけた。掘り起こされた土が，高さ30cmほどのドーム状の巣になっており，そこには，ほかでは見たことのない種のアリがたくさんいた。これがヒアリ（*Solenopsis invicta*）であったことがのちに判明し，北半球での最初の目撃記録にもなった。それはアメリカの歴史全体にとっても，運命の種といえるものであった。インビクタ（*invicta*）という種名は，のちに分類学者によってつけられたもので，「征服されていない」という意味だ。史上最も成功を収めた侵略的外来種のひとつにふさわしい名前だと思う。そして「侵略的」という言葉もまた，彼らに似つかわしい。アメリカ合衆国の農務省と内務省の政令に書かれているその「侵略的」という言葉には，「異国の」「持ち込まれた」「原生でない」「外来の」という意味だけでなく，環境や人間，またはその両方に，何

アルゼンチンアリ（*Linepithema humile*）

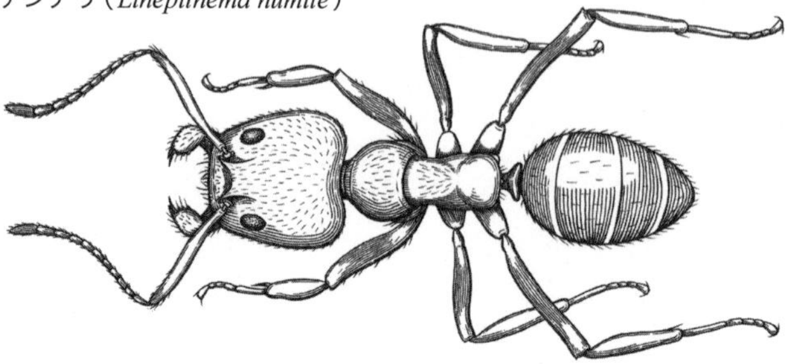

アギトアリ属の*Odontomachus brunneus*

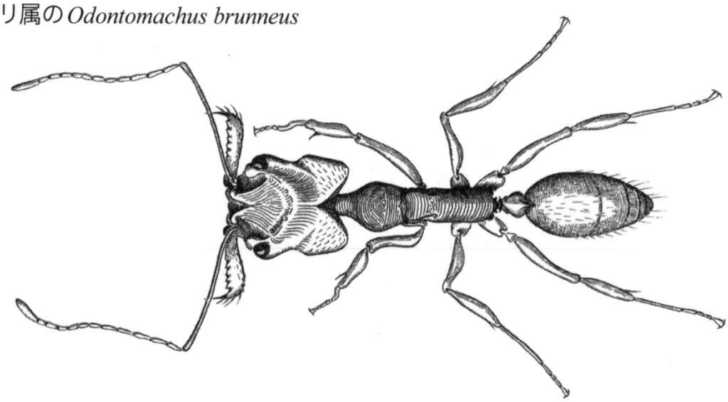

ヒアリ（*Solenopsis invicta*）

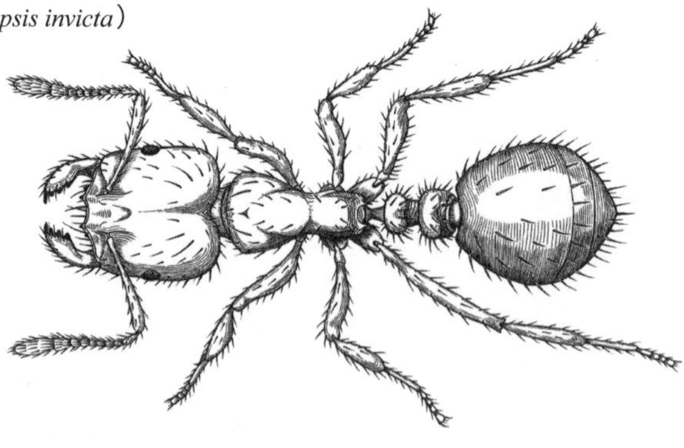

1942年，アラバマ州モービルの著者の家に隣接する，雑草が生い茂った空き地に生息していた4種のアリ（クリステン・オーア画）。上記のイラストにはないが，オオズアリ属の*Pheidole floridana*は，捨てられたウイスキーの瓶の下にコロニーをつくっていた。

らかの形で害をなすという意味が込められているのだ。

家具商人であった曾祖父が建てた我が家は，新たな外来種を探すには絶好の場所であった。それは，モービルの商業埠頭から5ブロック以内の場所にあった。貨物の多くは，ヒアリの故郷の一部であるアルゼンチンとウルグアイから運ばれてきた。ちなみに私の父は10代のころに船乗りをしており，モービルとモンテビデオを往復していた。

とはいえ，私が空き地で見つけたヒアリのコロニーが，最初にアメリカの陸地に現れたものだとは考えにくい。おそらく，1942年の夏にチャールストン通りの空き地周辺を探していれば，埠頭周辺やモービルのほかの場所で，ほぼ間違いなくほかのコロニーを発見していたことだろう。アメリカにヒアリが持ち込まれた時期が1930年代であることは，今ではほとんどの専門家が認めている。つまり，それ以前ではあり得ないということだ。定着したヒアリのコロニーは，すぐにそれなりの大きさに成長する。彼らは1年か2年以内に新しい女王アリを複数誕生させ，分散させる。そうして，新しいコロニーを複数つくるというわけだ。

1940年代の残りの数年間で，昆虫学者たちはヒアリという種が現れたことに気づき，その個体数が爆発的に増えるのを目の当たりにした。それはモービルの町全体で増殖し，それから，都市を越えてアメリカ全土にまで広がった。

モービルで起こったことは，すぐに全国的な問題となり，やがて国際的な問題にまで発展した。ヒアリはノースおよびサウスカロライナ州に広がり，やがてテキサス州，カリフォルニア州へと広がった。それからハワイに上陸し，オーストラリアやニュージーランド，中国にも進出の足がかりをつくった。また，南下して小アンティル諸島のいくつかの島々にも広がり，まるで故郷を目指すかのごとく，島から島へと勢力を伸ばしていった。アラバマ州のヒアリは，芝生や道端，農地を埋め尽くし，4046 m^2につき50個の巣をつくるまでになった。それぞれの巣には20万匹もの働きアリが生息し，ほぼすべてが侵入者を攻撃する態勢をとっているように見えた。郊外の農場では，ヒアリはラディッシュやアルファルファのスプラウト，あるいはほかの種類の，販売用の農作物の苗などを食べていた。ヒアリによる被害で，牛を飼育するための牧草地も使えなくなった。また，ヒアリは食糧を探すために農村の家々にも入り込み，辺り構わず何でも刺した。

それから間もなく，数カ所の自然の生息地，その中でもとくに開けたマツ主体の森林で，ヒアリが小型の哺乳類や地上に生息する鳥類を攻撃していたこともわかった。

アラバマ大学に入って19歳になった私は，アリの専門家として，地元では有名になっていた。そのため，アラバマ州保全局から，急速に拡大するヒアリ個体群の調査，分布地図の作成，それらが引き起こしている害の分析を行うよう依頼があった。

30 cmほどのドーム状のヒアリの巣が乱立していたこと，人々への影響がはっきりと表れ，しかも広範囲に及んでいたこと，偶然にも車を所有していた級友ジェームズ・H・イーズに協力してもらえたこともあり，私は調査をスピーディーに進めることができた。

体中を刺されて膿疱だらけになるという代償はあったものの，われわれはヒアリによる被害の性質を確認した。さらに，ヒアリのライフサイクルについても，多くの新しい情報をつかむことができた。発見の中でもとくに重要だと感じたのは，受精したばかりの女王アリが8 kmもの距離を飛ぶこと，彼らが小さな巣をつくり，働きアリを育て，2年以内に新しい女王アリを誕生させることだった。

つまり，ヒアリを従来の方法，とくに殺虫剤を使って退治するのは困難であることがわかったのだ。しかしそう提言しても，アメリカ合衆国の農務省と化学製品企業による，ヒアリ一掃計画（生息域の全範囲に殺虫剤を散布するというもの）を止めることはできなかった。

当初は，この計画が成功したかに見えた。なにしろ1950年代は，アメリカの勝利主義の時代だったのだ。われわれはファシズムの軍勢から世界を救った。世界中の共産主義を完全に止められないにしても，勢いを弱めることはできた。いずれもアメリカの科学と技術がなした，驚くべき偉業である。こうしたことから，当時のアメリカ国民は，目標を高く設定しがちな傾向にあったのだ。われわれは何でもできるのだと思い込んでいた。原子力兵器から水爆兵器へと武器を変えたアメリカにおいて，核の力を平和利用しようと考えるのも当然のことだった。そして1957年，原子力委員会は，大げさではなく，文字通り巨大な一歩を踏み出す準備をした。核を巨大なシャベルとして使い出したのだ。われわれは，これまで到達することさえできなかった天然ガス層を解放できるようになった。その気になれば，アラスカに新しい入り江を掘り出すこともできた。そして何よりの成果は，過密状態にあったパナマ運河に並行した，新しい水路をつくったことだった。連続して核爆発を起こし，太平洋とカリブ海の水域を結合させることで，水路としたのだ。これらすべてが，環境への深刻な影響を予感させるものであり，賢明な行いとはいえなかったのだが。

それぞれの巨大事業に対しては，すぐに地質学的災害が起こるだろうとの予測もなされていたが，それも無視された。そして，アメリカ国民の精神は屈することなく，宇宙や医学，基礎科学におけるアメリカの勝利とともに舞い上がるばかりであった。このことがまた，ヒアリのような侵略的外来種である昆虫を，根絶はできないまでも，減らすことくらいはできるだろうと思わせたのだ。それは，当時のアメリカ人にとっては仕方のないことだったのだろう。

1958年，アメリカ合衆国の農務省は，アメリカ南部のほとんどのヒアリ侵入地域にヘプタクロルとジルドリンという殺虫剤を散布する計画を立てた。ただ，その計画を行ったとしても，ヒアリの個体数は激減するだろうが，完全に消滅させることはできない。同時に，哺乳類や鳥類，そして確実にほかの昆虫や無脊椎動物を含む野生生物の量も減らしてしまう。しかも，散布地域の人々も危険にさらされる。ヘプタクロルは肝臓障害を引き起こす可能性があるし，ジルドリンは神経に有毒な物質なのである。

ヒアリの量をコントロールしようとする行動そのものに，決定的な欠陥があった。解決不可能な問題があったのだ。殺虫剤を地域一帯に散布しても，ヒアリのコロニーがひとつでも生き残っていたら，そのコロニーは必ずある行動をとる。すなわち，翅のある女王アリを数百単位で誕生させるのだ。それぞれの女王アリは，8kmかそれ以上の距離を飛び，新しいコロニーをつくる。ヒアリにはこの特異な生態的能力がある。だからこそ，私はのちに当時の大量散布を「昆虫学におけるベトナム戦争」と呼んだのだ。

ちなみにこのころ，レイチェル・カーソンもヒアリの現場に介入するようになる。彼女はアメリカという国が，アメリカ国民に対してどんな行いをしていたかを知り，愕然としていた。カーソンが私に手紙をくれたのは，当時の私がすでにヒアリの専門家として知られていたためだった。その手紙には，彼女の夏の住まいであるメイン州からハーバードまで出かけていくから，この問題全般について話し合いたいと書かれていた。ところがその後，彼女は病気を理由に，この約束を断ってきた。そのため私は返事を書き，農薬の広範囲散布の影響について書かれた最新の技術論文を読むよう勧めた。それは，いくらかは彼女の役に立ったのだろう。しかし，私は今でも後悔している。この偉大なアメリカ人に直接会うために，すべてを放り出してでも，メイン州まで車を走らせればよかったと。

とはいえ，カーソンはそれ以上の助けを必要としなかったようだ。彼女は1963年に『沈黙の春』を出版した。それは，農薬についてのわれわれの考え方に革命を起こし，ほかのどんな出来事や発言よりも大きな影響を与え，環境主義の新時代を立ち上げた。注目すべきは，南部の港町にある空き地の端で（私の知る限り）初めて目撃されたアリの1種が，『沈黙の春』の誕生に大きな役割を果たしたことであろう。

このヒアリの物語は，私を500年前の世界へと導くことにもなった。ヒアリの近縁種であるアカカミアリ（*Solenopsis geminata*）が，新世界の植民地化のさなかで歴史を変えたという話だ。歴史学と昆虫学を組み合わせた研究を続けた結果，私はそう結論づけた。この分析は，環境史の原則を思い起こさせる。すなわち，人間が引き起こした災害は，すべて繰り返されるということだ。これについては，次章で詳しく話そう。

7章

スペイン人入植者たちを打ち負かしたアリ

新世界の歴史は，その始まりから500年ほどの間，昆虫学にまつわる謎に包まれていた。1518年から19年にかけて,もしくはその直後に,イスパニョーラ島のスペイン人入植地で，人を刺すアリが異常発生したのだ。植民地の実情に関する記録を残した聖職者バルトロメ・デ・ラス・カサスの目撃証言によると，そのアリは早生種の作物の大部分に群がって人間を寄せつけなくしたり，それらを食い尽くしたり，人間の住居にはびこったりしたという*。

入植者たちは，急速に拡大するアリの大群に対して，自分たちが無力であることに気づいた。そうこうするうちに，アリはキューバやジャマイカの入植地にも広がった。絶望の中で，彼らは神の助けを願って守護聖人を指名し，サントドミンゴの小さな村でパレードを行った。そしてついには，サントドミンゴ川の向こうに入植地を移動させた。

しかし，そうした努力は何の役にも立たなかった。入植者たちは，島を去るべきかと口々に話し合ったという。

ラス・カサスは，このイスパニョーラ島におけるアリの異常発生について，重要な特徴のいくつかを記録に残している（現代の科学者にはあ

*ここでの説明は，私の論文「新世界の開拓初期におけるアリの異常発生」("Early ant plagues in New World." Nature 433: 32, 2005）から引用している。

りがたい情報だ)。彼の記述によれば，アリはひどく攻撃的で，痛みを伴う刺傷を人間に与えた。彼らは低木や木々の根系の周辺に，密集した個体群で発生した。どこにでも姿を現すハキリアリのように地上の植生を攻撃することはなかったが，どういうわけだか，植物の根を傷つけた。そして最終的には，家屋に住まう手ごわい害虫となったのだという。

時が経つにつれ，アリの数は落ち着いたようだが，その間の記録はあまり残されていない。それからおよそ400年後となる2004年,私はハーバード大学で，世界最大であり，完璧に近いといってもよいアリのコレクションの責任者を務めていた。そのとき私は，当時のアリの異常発生の理由を突き止め，なぜそのアリが劇的に拡大し，やがて沈静化したのか，仮説を立てることにした。現在ではドミニカ共和国が統治しているイスパニョーラ島をかつて侵略したアリも，敗戦した退役軍人のようになっているかもしれない。つまり，太平洋に生息するほかの種にまじって，ひっそりと生き延びているのかもしれないと考えたのだ。

私は当時すでに,西インド諸島に生息するアリについて研究しており,キューバ，ドミニカ共和国，プエルトリコのほか，小アンティル諸島のトバゴ，グレナダ，バルバドスにまで採集に出かけていた。どの種が異常発生した種で，どれがそうでないのか，だいたい見当がついていたというわけだ。

西インド諸島には，約310種のアリが生息していることが知られている。私は種の特定を急ぐよりも，探偵のように行動し，これだという容疑者が見つかるまで,「疑わしいアリ」をより分けることにした。それから，同業のアリ生物学者たちに同定してもらってもいいかもしれないと考えた。

話せば長くなるのだが，簡単にまとめると，私はフィールド調査で得た大量のデータを使って犯人を突き止めた。ラス・カサスが列挙したすべての資質をもつ唯一の種は，熱帯に生息するヒアリの近縁種，アカカミアリであると。この仮説は，アメリカ湾岸の州で1940年代に起きた，ヒアリの爆発的な異常発生との類似性によって，強固なものとなった。

このヒアリの近縁種であるアカカミアリは，スペイン人入植者たちを苦しめた種で，彼らのカーストは，通常の兵隊アリよりも大きく膨らんだ頭をもつ兵隊アリや，種子をかみ砕く強靭な顎をもつ兵隊アリなどから構成される。その原産地は，ノースカロライナ州からメキシコに至る沿岸平野部であることがわかっている。彼らは，アフリカ，台湾からインドまでのアジア，ポリネシア，オーストラリアへと貿易船に乗って旅をし，定住した優秀な植民地開拓者なのだ。分子生物学的な手法を用いた近年の研究により，アカカミアリが，1500年代にスペイン人のガレオン船に乗って，アカプルコからマニラへ渡り，そこから中国へと移動したことも明らかになっている。

アカカミアリは，少なくとも三つの特徴をもっており，それゆえに最高の「航海」種となったようだ。そのひとつ目の特徴は，捕食した獲物，死んだ動物，種子などを組み合わせた幅広い食事のもとに繁殖していること。二つ目の特徴は，浜辺で繁殖すること（浜辺は彼らがコロニーをつくるのに適している）。三つ目は，かつてスペインのガレオン船でバラスト（重し）として使用されていた種類の土や岩に，うまく潜んで移動することだ。

ラス・カサスの記述した年表は，少なくとも検察官の真似事をする科学者にとっては，腑に落ちるものであった。イスパニョーラ島でのアリの異常発生は，スペインのガレオン船が初めて到着してから20～30年後に落ち着いた。ヒアリも，アメリカに上陸して侵略的なレベルで増殖したのち，太平洋に住む普通の種と同じくらいの数に減り，今ではアリ動物相の（ほぼ）普通のメンバーくらいの数に落ち着いたが，そこに至るまでに同様の年数，つまり20～30年かかっているのだ。

8章

世界で最も獰猛なアリとその理由

長年にわたって世界中を飛び回り，研究を続ける過程で，私は何千種ものアリを見てきた。その中には，個性的なアリが数え切れないほどいた。アリといえば，普通は戦士のような勇敢さを思い浮かべるものだが，そうした印象とは真逆の，最も臆病で不人気なアリが，カタアリ亜科カタアリ属の*Dolichoderus imitator*だ。小さく細長い形をしたそのアリとは，マナウスの北にあるアマゾンの熱帯雨林で出会った。コロニーは数百匹の働きアリで構成されており，女王アリの姿はめったに見られない。彼らは腐った落ち葉の山に適当な穴を開け，そこに巣をつくる。私が彼らの住処をそっとかきわけると，働きアリは，幼虫や蛹などの未熟な仲間を助けながら，四方八方に散っていった。嵐から逃げ惑う人間のように，屋根のある場所を見つけると，どこであろうがかまわず逃げ込み，隠れたのだ。そのときは学名がわからず，持ち帰って調べようと思ったのだが，数匹を見つけ出すことさえひと苦労だった。コロニーを破壊してしまったのだろうか。きっとそうに違いない。たとえそうだとしても，アリの100万倍大きい私が立ち去ってすぐ，コロニーは再構築されたはずだ。

アリのコロニーには，驚くほどの回復力があるのだ。それに，速く走れるなら，熱帯雨林では臆病なほうが有利ともいえる。

さて，彼らの対極に位置する種についても語ろう。「世界で最も獰猛なアリはどれ？」という話だ。そもそもなぜ同じ種の中に，平和主義者から戦争好きまで，さまざまな性質のものがいるのか？　この疑問に答えるため，とくに好戦的なアリ6種を紹介しよう。それを知ることで，アリやほかの社会性動物（人間を含む）の進化にまつわる基本原理も理解できるようになるはずだ。

最初に紹介するのは，オーストラリアに生息するキバハリアリ属（*Myrmecia*）に属する94種のアリだ。最大のものはスズメバチほどの大きさで，性格も似ているうえ，刺されるとスズメバチと同じくらいの痛みが生じる。地中に穴を掘り，リング状の入口をひとつ築いて，目立つ巣をつくる。大きな眼をもち，見張り番のアリは巣の外に立って，巣に近づくものを見れば，人間サイズの動物だろうと躊躇《ちゅうちょ》なく怒り出す。対象がさらに近づけば，向こうも近づいてくる。そこでぐずぐずと立ち止まっていてはいけない。逃げようとして後ずさりしても，10mくらい

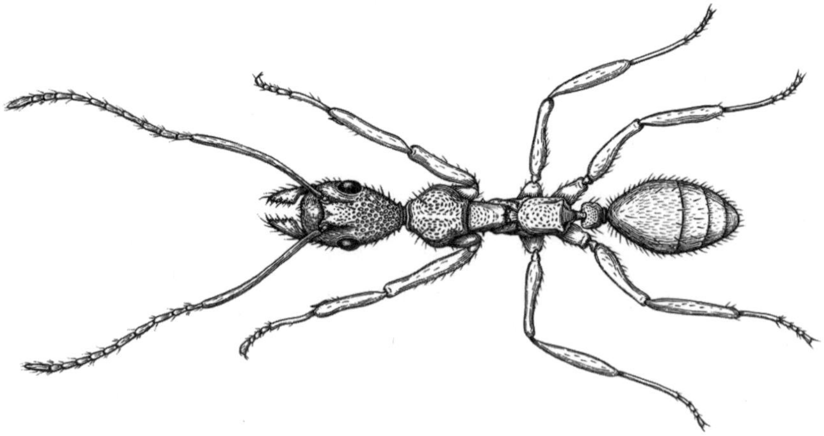

アマゾンの熱帯雨林に生息するカタアリ属の*Dolichoderus imitator*（クリステン・オーア画）。世界で最も穏やかなアリだとされている。

は追いかけてくる。

よほど勇敢かつ恐いもの知らずでないと，キバハリアリ属の巣に近づいて掘り起こそうなどとは考えないはずだ。常識的にはしない。スズメバチの巣盤を1層ずつ解体するようなものだからだ。

にもかかわらず，オーストラリア南西部で探検調査を行った1955年，私は体を何カ所も刺されながら，彼らの巣を掘り起こす方法を学んだ。教えてくれたのは，キャリル・ハスキンズである。アリを愛する研究仲間で，48歳でワシントンDCにあるカーネギー研究所の所長に任命された人物だ。彼は，コロニー全体を研究室に持ち帰る方法を編み出したのだ。ハスキンズの教えはこうだ。まず，キバハリアリ属の巣に近づきながら，見つけたアリを親指と人差し指でつかみ，大きな瓶に入れていく。これは毎回3秒以内ですばやく行う。でないと腹部の先端でこちらを刺してくる。すべての見張り番をどかしたら，巣を掘り始めよう。2.5cmずつ作業を進めるのがポイントだ。アリが現れて刺されそうになったら，そのつど捕獲する。巣の最下層は静かだが，アリが密集しており，巣の母親である女王アリも見つけられるだろう。

キバハリアリ属は，その大きさがとりわけ印象的であるが，それ以上に驚くべき特徴をもっている。それは，彼らが特定の種の低木や高木との間に築く，密接な共生関係である。共生が必須であるとき，つまり片方が死んだらもう一方も死ぬ場合，アリは異変を感じるとすぐに動き，状況によっては自分の身を犠牲にする。たとえば，熱帯雨林の木であるトリプラリス（*Triplaris*）に軽く触れると，瞬時にイラクサを撫でたときのような熱い痛みに襲われる。この木を守っているアリは，クシフタフシアリ属の*Pseudomyrmex triplar*だ。私も，戦士のように勇敢な彼らの怒りを買ったことがある。だがここでは，私の話をするよりも，南米の植民地に渡ったスペイン人ホセ・セレスティーノ・ムティスが1770年ごろに書いた話を引用すべきだろう（彼は新世界に初めて登場した生物学者だ）。以下の引用文は，パロサントというコロンビアの木にまつわる話である。

> ある暑い日，私はベガ・デル・グアドゥアルにいた。日差しが強かったため，私はショットガンをもったまま，やや太いピラミッド型の木の下に立った。ほどなくして，私は赤いアリに襲われ，刺された。そこで苦戦しながらも靴を脱ぎ，それからシャツを脱いで全身を叩いた（アリを振り払うためだ）。だが，数が多かったため，仕方なく脱いだ服を振りながら川に入った。家に戻り，全身が炎症を起こしているだろうと感じつつ，先ほどのアリの話をした。すると，そこにいた奴隷が，彼らは「パロサント（*palo santo*）」（聖なる木）のアリだと教えてくれた。このムラート（白人と黒人の混血児）に連れられて，私は同じ場所に戻ってきた。そこには同じ種の木がたくさんあった。近くの開けた野原にも，同じ種類の中くらいの木がたくさんあった。大きさは高さ1/2バラから3/4バラ（「バラ」とはスペイン語で，長さを表す古い単位。1バラ＝0.84m），幅1バラだった。葉はなく，コリヤナギに似ていた。茎を手で触ると，大量のアリが気づかないほど小さな穴からあふれ出てきて，茎の上に群れをなし，同じくらいの速さで刺そうとしてきた。

西アフリカや中央アフリカの熱帯雨林では，これとまったく同じ関係のアリと植物が何組も誕生し，進化している。ナガフシアリ属（*Tetraponera*）

と，ツル植物や小さな木々といった宿主植物との関係もそうだ。刺す力が非常に強いアリで，アリバチという悪名高い寄生性のスズメバチに似ている。これに刺されると，痛みは数時間続き，刺された部分が感染して膿疱になることも多い。ハーバード大学で教鞭をとっていた生物学者のジョセフ・ベクアールトは，1922年にこう記している。「宿主植物が少しでも傷つけられると，彼らはすぐに大群で木から飛び出し，幹や枝，葉を熱心に探索する。そして，働きアリの中には，木の根元辺りの地面を走り回り，動物であれ人間であれ，侵入者を攻撃するものもいる」と。

このようなアリのコロニーの軍事戦略から，進化の基本原則が見えてくる。「巣が守りやすく，そこにある資源の価値が高いほど，守ろうとする力は強くなり，獰猛さも増す」ということだ。つまり，アリは巣を守るためならいくらでも凶暴になれるという，それだけのことだ。ところで，最も獰猛な種といえば，ヒアリも思い浮かぶ。彼らは獰猛なアリのランキング上位に入っていないのだろうか？　その答えは，「たしかに獰猛ではあるが，宿主植物の近くを通りかかっただけの人をわざわざ追いかけてくるアリほど獰猛ではない」だ。ヒアリの場合は，巣を襲撃された場合にだけ獰猛になる。私はヒアリの巣の前を通るたびに好奇心が湧き，つい反射的に蹴ってしまう。だが，硬い靴を履いた足で巣を蹴れば，出てきた働きアリの大群に刺されるのは当然だ。関わろうとせずに放っておけば，ヒアリは人間に手出しをしてこない。

最も凶暴で好戦的な種は，グンタイアリではない。たしかに彼らが組む扇状の隊列は，行く手を阻む生き物すべてを攻撃する。だが，グンタイアリは獲物を求めているだけの，ただの捕食者なのだ。捕食の際はえり好みをするし,宮殿の警備員のように巣を見張っているわけでもない。

彼らは，獲物の昆虫を求めてイギリスの草原を飛んだり，地面を掘ったり，くちばしでつついたりするムクドリの群れと同じような存在といえよう。

また，ハキリアリでもない。ハキリアリのコロニーは強力で，巣へ侵入しようとする者はすべて，数百万もの大型働きアリで駆逐しようとする。ナイフのような硬い歯と膨らんだ頭部，それを支える巨大な顎の筋肉を備え，柔らかい素材ならどんなものでも切り裂ける大型の兵隊アリもいる。だがこれも，最も獰猛な種ではない。

私はハキリアリについて，フィールド調査に加え，ハーバード大学の研究室でも詳細な研究を行った。研究室の責任者であったキャスリーン・ホートンと私は，ハキリアリのコロニーを入れたプラスチック製の箱を

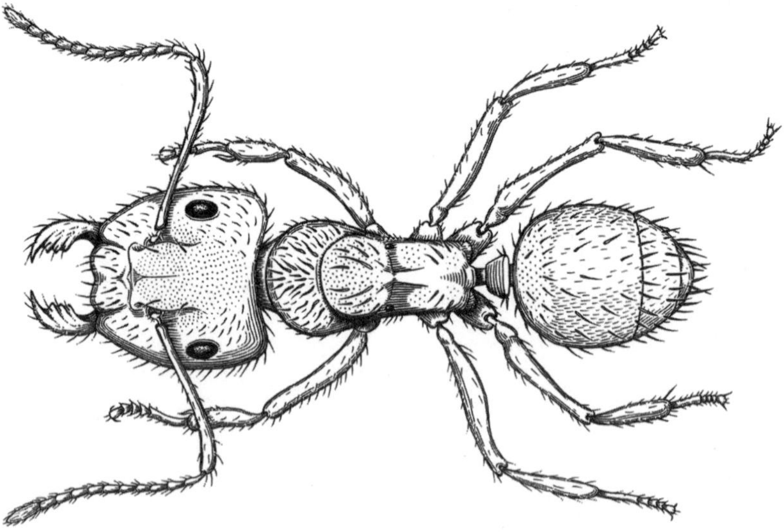

アマゾンの木に生息する，獰猛な *Camponotus femoratus* の大型の兵隊アリ（クリステン・オーア画）

並べて，個体群を維持していた。日本の盆栽に近いやり方だ。それは，ニューヨーク市において野生で発見された大規模な巣よりも，はるかに長い期間にわたって持続した。小さなコロニーが繁栄していたのだ。

私が噛まれたり，刺されたり，蟻酸《ぎさん》をまかれたりしてきた経験からいうと，世界で最も獰猛なアリは，着生植物に寄生するオオアリ属の *Camponotus femoratus* である。北アメリカの森林に生息し，ときに家屋の害虫となるオオアリ属のブラックカーペンターアント（*Camponotus pennsylvanicus*）の遠縁にあたる種だ。*C. femoratus* のコロニーは，アマゾンの熱帯雨林の林冠《りんかん》に多く見られる。地面や周囲の枝から集めた雑多な植物のデトリタス（生物体の破片・残骸・排出物などの有機廃棄物）と土を使い，熱帯雨林の樹木の幹や林冠に根を張る着生植物に，「アリ庭園」と呼ばれる巣をつくる。巣は球状で，スポンジ構造をしており，四方に張り出した着生植物に支えられている。そのアリの庭園では，着生植物の樹液を餌とするカイガラムシやコナカイガラムシが，宿主であるアリに，糖分やアミノ酸を豊富に含んだ排泄物を与えている。カイガラムシは，アリがタンパク質不足に陥ったときには自分の体を差し出すこともある。その庭園のアリは，カイガラムシを「家畜の牛」のように扱っているのだ。

庭園やその周辺で，植物の種を運ぶアリの姿が観察されている。これを素直に考えるならば「アリが共生のために種を植えている」という説が立てられるだろう。だがこの現象には，別のもっともらしい仮説も立てられるのだ。アリは種を餌として収集しており，このときは置き場所を間違えただけだという説だ。もしくは，巣づくりの初期段階で，種が風で飛ばされてきただけだという説も考えられる。

アマゾンにつくられたアリ庭園の由来がどうであれ，さまざまな脊椎動物や無脊椎動物たちは，このアリとタンパク質豊富な住人たちを捕食しようと狙っている。*C. femoratus*のコロニーが恐ろしく獰猛だという噂は，昆虫学者の間では有名だ。だが，彼らの庭園の場所（ほとんどが熱帯雨林の林冠の中）を考えると，自然環境の中で彼らを観察するのは不便であり，難しい。

長く探したあと，ついに私は手つかずのアリ庭園を見つけ，間近で観察できた。それはどういう経緯か知らないが，地上からわずか2~3mの木の枝につくられていた。私が振り向き，風下にあるコロニーに向かって歩き出すと，一瞬にして働きアリの群れが湧いてきた。さらに巣に近づき，触らずにいると，巣を守る働きアリが大暴れし始めた。働きアリは山のように群れをなして私に迫り，私のいる方向へ腹部を向けて蟻酸を噴きつけた。彼らの異常なまでの怒りが，視覚と嗅覚のどちらによって引き起こされたのかはわからない。だがこの経験から，私は「最も獰猛なアリ」という1票を彼らに投じたいと思う。

9章

慈悲深い女性指導者

さて，本章はこんな話から書き始めようと思う（実際に，私はパソコンではなく，ペンで「書いて」いる）。2018年のある夏の日，この日までに分類され，学名が与えられた全世界に生息するアリは，15,438種となった。生物学的に認知されているアリのうち，およそ450種について記述したこともある私が，主観的な目でざっと見たところ，発見されるのを待っているアリ，もしくはすでに発見されているが学名がついていないアリも含めると，25,000種はいるだろう。ハーバード大学にある世界最大級のアリのコレクションを研究しているアリ分類学者のステファン・カバーとスティーブン・シャタックは，彼らなりの主観的な計算では25,000種から30,000種だとしている。

近代科学の時代で最も早くアリを研究し始めたのは，カール・フォン・リンネである。彼は初めてアリの種を分類し，二名法で学名をつけた。そのうちのひとつがオオアリ属の「*Camponotus herculeanus*」（Linnaeus, 1758）だ（リンネが最初につけた名「*Formica herculeana*」が，のちに変更されて現在の名となった）。一般的には「カーペンターアント」と呼ばれている。アリとしては比較的大型で，冷温帯の冷涼地帯であれば，どこにでも生息している。

私がアラバマ大学に入学した1946年当時，アリに関する技術論文を発表していた研究者は，世界中で24人程度だった。現在では，数百人に達している。分類が済んだ種の数も増え続けており，アリの社会生物学は，より詳細に研究されるようになった。そうした中で，科学者たちは，アリがいかなる偉業をなし遂げたのかを理解した。その偉業とは，アリが1億5000万年という歳月をかけて，陸地を埋め尽くすほど増えた社会性昆虫という，種がなし得る適応形態のほぼすべてを達成したこと。そして，アリを含むあらゆる動物のニッチ(生態的地位。食べるものや生息地，活動時間など)に多大な影響を与えてきたことである。

アリたちは，自分たちの社会を上手に使って，地球上にさまざまなアリ種の女王国家を築いた。それは，人間が想像できたものもあれば，想像をはるかに超えたものもあった。たとえば，溺れた昆虫の遺体を集めるために，水中を歩くアリもいる。また，林冠の中で枝から枝へ，ムササビやモモンガの飛膜のように，体の一部を使って滑空する樹上性のアリもいる。大顎をトラバサミのようにすばやく閉じて，獲物を捕食するアリもいる(その速度は，動物の動きとして最速だという記録もある)。熱帯雨林で食糧を探す際に，林冠のパターンを記憶して巣まで帰り着くアリもいる。ほかのコロニーの捕虜を，奴隷にするコロニーもある。腹部を激しく収縮させて自分の体を爆発させ，自殺する兵隊アリもいる。乗っ取ったコロニーの女王アリを追い出して，社会的寄生を行う女王アリもいる。寄生女王アリを奴隷にしたり殺したりして，重複寄生を行う女王アリもいる。宿主である女王アリの背中に乗って生きる，とても小さな寄生女王アリもいる。数十kmにも及ぶ連続的なスーパーコロニーを形成するため,団結するコロニーもある。切った葉の上で菌類を育て，それを食糧とするアリもいる。そのほかにも，さまざまな個性をもつアリがいる。

このように，アリの生き方には多様性がある。人間の世界と同じだ。

人間と違うのは，アリの種の大半が「一般的なライフサイクル」とでもいうべきものをもっている点だ。その概要は，以下の通りである。まず，母となる使命をもった新女王アリが，生まれたコロニーから結婚飛行に旅立つ。彼女は空中で交尾する。あるいは，葉や小枝の先のような目立つ場所に着地し，フェロモンを噴出して，風下に漂わせる。オスはそのフェロモンを嗅ぎとって，空中に漂うフェロモンの痕跡をたどり，風上にいる女王アリを見つける。彼らが出会って交尾したあと，女王アリは自分のコロニーをつくる場所を探す。一方，オスは交尾が終わるとすぐに死ぬ。交尾をするためだけに生まれてきたからだ。オスは交尾が終わってから数時間のうちに，鳥やクモなど，ほかの捕食者たちの餌食になる。都会であれば，ほかのオスの死体の山にまじって干からび，そのまま街灯の下で朽ち果てる。

女王アリは，本能に導かれるまま，自分の運命に邁進する。種によっては，細い枝の空洞，腐った丸太の下の空間，または敵アリが徘徊していない，土がわずかに露出したスペースを探し，そこに小さな穴を掘って入り口を閉じる。

だが，彼女たちがそれをなし遂げる確率は低い。自分たちのなわばりを守るハキリアリやヒアリ，およびほかの多くの種であれば，偵察アリや食糧を探すアリが，大きなコロニーの周辺を常に見回っているからだ。このような場合，子をなして母となるのは，1000匹に1匹の割合となる。

このように，女王アリは基本的に絶望に満ちた開拓民であるが，ヒアリの場合はまだましといえよう。妊娠した女王アリは，大きなコロニーに合流できるからだ。最大十数匹の女王アリが協力しあって，最初の巣を守ったり，巣を広げたりすることもある。だがこの作戦が成功したとしても，協力しあう女王アリすべてが生きられるわけではない。最初に産んだ働きアリの群れが，6本足の成虫になると，すぐに女王アリを1匹ずつ処刑し始めるからだ。彼らは，幸運な1匹の女王アリが残るまで，叩いたり，刺したりして殺し続ける。

働きアリは，その口減らしの最中，自分の母親アリが死ぬこともいとわない。彼らは自分の母親ではなく，女王アリの中で最も多産なアリを生かそうとする。産仔《さんし》力の高さの指標となるフェロモンを女王間で比べ，選んでいくのだ。働きアリは，不合格となった母親アリを殺すか，あるいは仲間に殺させる。

女王アリがコロニーをつくる作業は，どの種であれ，トラック競技の短距離走のようなものだ。勝つためには，適切なタイミングで適切な場所に行き（交尾の相手を見つけ，捕食者のいない場所でコロニーをつくる），走り出し（すばやく安全に働きアリの最初の群れを産み育てる），ゴールに到達し（可能な限り最短の時間で最大数の働きアリを産む）なければならない。

アリの世界には，ほとんどメスしかいないといってもいい。オスの成虫は，姉妹の働きアリから食糧をあまりもらえず，世話もしてもらえない（交尾相手の新女王アリをめぐって争うときだけは例外だ）。オスは，たった一度の交尾のためだけに生まれてくる。交尾をやり遂げられたら万々歳だ。彼らは人生のほとんどを，役立たずな被保護者として巣の中で過ごす。私を含めて，多くの研究者たちが，命を懸けてコロニーを守ったり，姉妹の手伝いをしたりするオスがいるかもしれないと考えた。そして，その証拠を探すため，巣の周りや研究室で，長い間，一生懸命に観察してきた。だが，オスが何らかの形で巣に貢献しているという証拠が見つかったことはない。

オスは小さな脳と大きな眼と生殖器をもっており，それは全力を注ぐ

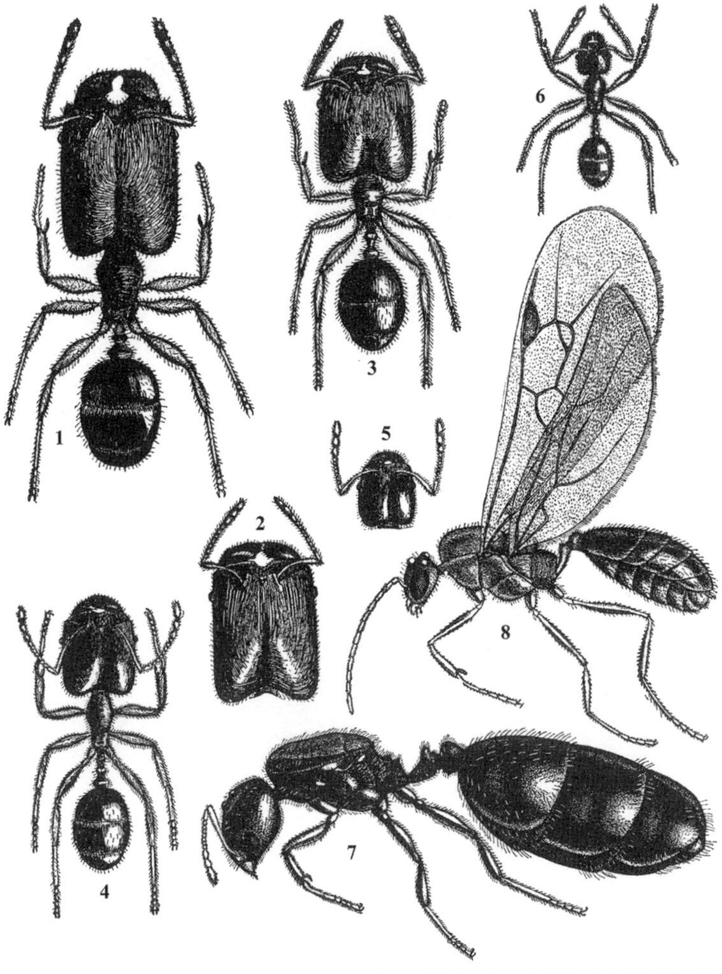

ウィリアム・M・ホイーラーによって1910年に描かれた，古典ともいえる図解。北アメリカ南西部に生息するオオズアリ属の*Pheidole instabilis*の複雑な成虫カーストシステム。大きな女王アリ（下段，7番）は交尾後の姿で，コロニー形成にとりかかるため，翅がなくなっている。彼女の上にいるのはオス（8番）。オスは交尾のためにコロニーを離れたあと，短時間で死ぬため，翅はなくならない。働きアリの階級は，小さな働きアリ（6番）から中くらいのサイズの働きアリ（2番～5番），異様に頭が大きい兵隊アリ（1番）まで，非常に変化に富む。

べき，たった一度の結婚飛行に使われる。しかも，成功するとは限らず，すぐに死ぬことだけが決まっている。もはや，空飛ぶ精子ミサイルとしかいいようがない。

メスとオスを遺伝的に分けるものは何か？　その答えはこうだ。オスは未受精卵から，メスは受精卵から生まれる。母なる女王アリは，卵が卵管を通過するときに，卵の性別をコントロールする。女王アリの腹部には，交尾時に得た精子を貯めておく「受精嚢《じゅせいのう》」という袋があり，その袋と卵管はつながっている。卵管にはバルブがあり，彼女がそうしたいと望めば，バルブが開く。すると，精子が通過して受精卵となり，メスが生まれる。バルブを閉じておけば，未受精卵のまま，オスになる。こういった仕組みのため，オスの王様や大統領，将校などは絶対に存在しない。オスは短命な交尾相手と決まっているのだ。

10章

アリは味覚と嗅覚で会話する

2018年，フロリダ州のトーレヤ州立公園にある原野を訪れたとき，季節は春だった。動物たちの冬眠が終わったころだ。獲物があちこちにいて，肉食性の哺乳類もさぞうれしかろうという景色だった。そこで，アメリカマムシ属のカッパーヘッドを目撃した。冬眠から覚めて，仲間たちのいる世界に戻るところのようだった。生物学者がその場に何人かいたのだが，そのヘビは流水のようになめらかな動きで侵入してきた。ヘビは先の割れた舌をチラチラとすばやく出し入れしていた。優美な動きだ。これは口を舐めているわけではない。ヤコブソン器官（化学物質を感知する器官。口内の上部にある）に微量の副嗅覚系の化学物質を運んでいるのだ。このハッとするほど美しい動物は，住まいの近くにある冬眠場所を出て，嗅覚を頼りに未知の場所へ向かっていた。行く先は，その時々の本能と状況で決めるのだ。

カッパーヘッドは，ほかの動物種の大多数と同じように，科学者たちがまだほとんど理解していない感覚の世界で生きていた。人間は視覚と聴覚ばかりに頼っているが，これは動物の中では珍しいことである。人間以外にも，鳥やコオロギ，カエルやサンゴ礁に住む魚，そのほかの数種の動物などは，視覚と聴覚に頼っている。だが，それ以外の1000万種以上の動物は，違う原理で生きているのだ。

香水や脇の匂いが主役となる人間のラブストーリーなど，あまり聞いたことがないだろう。

もしも，二足歩行で視聴覚に頼って生きる霊長類の祖先が，アフリカのサバンナに誕生していなければ，そしてもしも，彼らが600万年の進化を経て人類を誕生させていなければ，今の陸生環境は社会性昆虫に支配されていたかもしれない。アリが捕食者として君臨し，シロアリが枯れ木を食い尽くす世界だ。どちらも，味覚と嗅覚でコミュニケーションを行う。

もう少し専門的にいうと，社会性昆虫はフェロモン（同種の個体間でメッセージとして受け取りあう化学物質）とアロモン（異種の個体間で使うもの。社会性昆虫が獲物を狩ったり，捕食者から逃げたりするために使う物質）を使って会話するのだ。

嗅覚と味覚を重視する生き物の中でも，アリは化学作用を使うコミュニケーションの達人といえよう。たとえば，高度な知的生命体が，ほかの惑星で見つかった場合（少なくとも太陽系以外の惑星系で，いつか見つかるだろう），その宇宙人の中には真社会性の種も含まれるはずだ。真社会性の動物は，利他主義と高度な協力体制に基づいて社会をつくる。真社会性のコロニーは，女王アリの産んだ子供で構成されている。繁殖の際に，働きアリの助けを借りることはあまりないか，まったくない。生殖に必要な解剖学的，生理学的な器官がない，もしくは不足している働きアリは，そのぶん仕事と競争に専念できる。それにより，ほかのコロニーや個体を駆逐しやすくなる。そして，自然淘汰によって進化が起こる。コロニーを構成する個体同士だけでなく，コロニー同士でも自然淘汰が起こるのだ。その過程は，自然淘汰による進化の基本原則と一致している。進化のカギは遺伝子であり，自然淘汰の対象は遺伝子に書き込まれた形質である。ダーウィン生物学の原理ではそれだけが大事なことで，おそらく宇宙全体の法則も同じだろう。

地球上の生命の歴史の中で，真社会性は少なくとも17回起きている。そのうち3回はテッポウエビ科に属するものだ。これらは海の浅瀬で，生きた海綿に穴をあけ，巣をつくる習性が知られている。ほかにも二つの独立した系統をもつ真社会性の動物がいる。スズメバチとアシナガバチだ。さらに別の二つの独立した系統が，キクイムシの中で発見されている。また，アフリカの地中に生息するハダカデバネズミの中にも二つの系統が存在する。さらにほかの系統には，アザミウマ，アブラムシ，ミツバチ，コハナバチなどがある。それから，人間も真社会性に近い動物だという話をしよう。おばあちゃんが孫に優しくすることや，最先端の仕事をこなせるようになること。現役の軍務や，禁欲的な宗教の宗派など。これらは利他的で高度な協力体制に基づいたものだ。こういったものが人間の生活でよく見られることからも，人間は真社会性に近いといえそうだ。

ところで，現在，人間と共存しているアリの数はどれくらいなのだろう？　おおまかに見積もって，1京匹（1兆匹の1万倍）くらいとしよう。ざっと人間の総人口の100万倍程度だ。そして，一般的なアリの重さは1mgから10mg。人間の100万分の1の重さだ。あくまでおおまかな推測による見積もりだが，この計算を合わせて考えると，今生きているアリの総重量と人間のそれは同じくらいという結論になる。

だが人類学者も昆虫学者も，アリと人間のバイオマスが大まかとはいえ等しいということにそれほど感心することはない。想像してみよう。75億人もの人間一人ひとりが丸太のように積み上げられたとしたら，グランドキャニオン奥地に隠されていると噂される広大な空間にも入りきらず，あふれてしまうだろう。

1億年以上もの間，アリはユニークなフェロモンを嗅覚で化学的に感知する世界を創造しながら，重要な役割を果たしてきた。つまり，彼らは味覚と嗅覚によって，複雑な社会を動かしているのだ。アリからアリへと伝わる化学信号を特定し，人間からアリへ「話しかける」実験をすれば，彼らの存在の意味が刻まれたロゼッタストーンを解読できるだろう。

アリがフェロモンを多用している証拠は，彼らのコロニーを垣間見るだけでも，すぐに見つかる。次に紹介する実験を試してほしい。まず，アリのコロニーを見つけよう。キッチンに来るアリで十分だ。それが見つからなければ，暖かい日に外に出て，土がむき出しになった場所か，暖かい岩の下を見て，土を掘り起こしてつくられたアリの巣を探そう。そして，できるだけ巣に近いところに，砂糖水を少しだけ置く。あとは，その周辺を歩き回る偵察アリがそれを見つけたとき，何が起こるかを観察しよう。そのお宝に遭遇した最初の群れは，たいてい限界まで砂糖水を飲む。そののち，走って巣に帰る。だいたいは一直線の道だ（君が知らなくても偵察アリは巣の場所を知っている）。偵察アリは，巣にいるアリたちに，口に含んだ砂糖水を分け与え，また先ほどの場所に戻る。ほかの働きアリたちも，彼女を追いかけて巣の外に出る。彼らは最初に戻ってきた偵察アリがたどる道筋を忠実に追跡する。大きく曲がりくねった道でも，その通りにたどるのだ。つまり，巣の仲間に知らせるため，フェロモンの痕跡を残していることは明白なのだ。また，ほかの働きアリに口内の砂糖水を分け与えることは，「食べ物を見つけた！　私が運んでいるのはこの食べ物だ！　私の足跡をたどって，もっと見つけて！」とフェロモンを使って叫んでいるのと同じことなのだ。

次に，コロニーを維持するのに欠かせない，フェロモンの情報共有プログラムを理解する方法を教えよう。まず，巣の入り口周辺にいる働きアリを瓶に誘導するように，そっと拾う。そのアリがある程度おとなしくなったら，巣の仲間のもとに戻す。戻された働きアリはそれなりに興奮しているだろうが，巣の仲間は落ち着いているはずだ。さて，同じことをもう一度しよう。だが今度は，遠く離れたところにある別の巣からアリを捕まえてくる。別のコロニー出身のアリを入れてみると，巣の仲間は猛烈にそれを攻撃し始める。

「体臭が違う！　よそ者だ！　侵入者だ！」というわけだ。

遠くにある別のコロニーの働きアリは，近くにいるアリに触覚で取り調べられる。その触覚には臭気検知器が含まれており，それですぐに侵入者だと認識できる。それぞれの働きアリは，生まれたコロニー特有の油性成分を体表面にまとわせている。それにはロックキーのような独自性がある。だから，別のコロニーの匂いを放つものは，瞬時に攻撃されたり，殺されたり，追い払われたりする。

個々のアリの匂いは，その体表面の油性成分とまじって，顔や制服のような役割を果たす。アリが身にまとう化学物質の組み合わせは，同じ種のアリに，コロニーの仲間かどうか，性別，形態的なカースト，おおよその年齢，その時点で専門としている仕事などの情報を嗅覚で伝えるのだ。

こうした情報の多くは数秒で処理されなければならず，正確さも求められる。コロニーが生き残るには，多数の情報を正確にすばやく伝える必要ある。種によっても異なるが，その情報量は，100未満から100万を超えるものまでさまざまだ。

働きアリが行ったり来たりしている流れを見てみよう。何匹かは一方向に進み，別の何匹かは別方向へ進んでいる。働きアリ同士が正面からぶつかると，一瞬だけ立ち止まるが，それ以上は躊躇することなく，ぶつかったときと同じ速度で通り過ぎていく。スローモーション撮影すると，そのやりとりの細部がよくわかる。アリは，コロニーの偵察アリが敷いた匂いの痕跡に沿って走りながら，自分の触角を左右に動かしている。それぞれの触角の基節である柄節《へいせつ》は，長くむき出しの状態であり，べん節と呼ばれる触覚の短い先端を保持し，移動させるための軸として機能している。

触覚べん節は，アリの鼻にあたる部分だ。さまざまな化学物質を検出し，その内容と量を神経経由で脳へ伝達する微細な毛や，瘤《こぶ》状，板状の組織の層で密に覆われている。そしてアリは，与えられた感覚情報に素直に従い，本能と状況に応じて，すばやくかつ決然と，どう行動すべきかを選ぶのだ。

アリの感覚受容体がどのように機能するのかについては，まだほとんどわかっていない。人間が頼っている視覚と聴覚を使って，目に見えるものだけを理解しているのが現状だ。触覚べん節の表面のごく小さな部分を画像にすると，驚くほどの数と多様性をもった微細な構造が見える。こうした微細な構造がそれぞれどう機能しているのか，いかにして細かなフェロモンのサインを識別し，神経細胞の活動電位を刺激し，比較的未発達なアリの脳にそれを伝えているのか，その詳細がわかったら面白いと思う。だが私は，アリの個体間やコロニー内で情報を伝達する手段として，フェロモンがどう使われているのかを最初に解明できたのだ。それだけで満足するべきだろう。

11章

われわれはいかにしてフェロモンの暗号を解読したか

アリの博物学を理解するための重要なカギとなるのは，アリとコミュニケーションをとる方法を見つけることだ。相手が異文化の人間だったり，あるいは別の惑星から来た異星人だった場合も同じだろう。そういった相手を無視できるわけがない。常時存在する1京匹のアリは，80億以下の個体数である人間と，地球上の広大な土地を共有しているわけだが，アリの起源は1億5000万年前，爬虫類時代にまでさかのぼる。つまり，アリにはわれわれの10倍もの長い歴史があるのだ。

とはいえ，人間とアリには多くの共通点がある。アリのコロニーの活動を観察していると，アンブロージョ・ロレンツェッティの『善政の寓意』(シエナを完璧な秩序の都市国家として描いた絵画作品)を考察している気分になる。1340年に完成したこの古典的な全景画では，市民はみな生産的に活動しており，控えめな態度で，礼儀正しく振る舞っている。落ち着いた様子ながらも，賑やかに通りや建物を行き来する市民は，やがて門をくぐり，豊かな田園地帯に出ていく。どの市民にも目的があり，それに導かれるように動いている。そしてこの時点では，ロレンツェッティの描くこの街は，外敵のいない平和な状態にあるようだ。敵対する王国や公国，都市国家の軍隊は存在するものの，山の稜線《りょうせん》の向こうのどこかに，平和な状態で駐留している。

このように似ている点もあるのだが，アリと人間の間に大きな違いがあることもまた事実だ。アリは本能によって文明をつくり出している。つまり，文明をつくり出すために進化したのであり，それ以外は何もできないのだ。一方，人間は自分自身や家族，仲間たちそれぞれの欲求を尊重しながら生きなくてはならない。そのため，われわれは精神文明を使って，本能を抑え込むようになった。または完全に抑え込めずとも，本能を飼いならすことはできる。あるいは文明を利用して，自分たちの価値を生み出すこともできる。

最も重要な点は，これまでに何度も書いてきた通り，人間が視覚と聴覚を使ってコミュニケーションをとること，それぞれ意味をもった言葉を自由につくり出せるということだ。つまり，われわれは言語を使ってコミュニケーションをとる。これは，社会秩序が最速で進化するための必須条件だ。対照的に，アリは嗅覚や味覚を使い，化学物質を分泌してコミュニケーションをとる。その物質には，人間の言葉のように自由に意味をもたせられるわけではなく，それぞれのもつ意味は，遺伝子で固定されている。

個体数70億人以上の人間と，1京匹以上のアリがともに陸地の世界を支配しているのだから，人間とアリが会話できるかどうかは重要なことだ。いつか人間がほかの真社会性の種族が住む太陽系外惑星に降り立つとしたら，そのときもやはり意思の疎通を試みるに違いない。

1958年の夏，私はハーバード大学の研究室で，観察対象としていたヒアリのコロニーを使って，フェロモンを用いたアリの言葉を理解しようと決めた。この目標は，はじめは無謀に見えたかもしれないが，私にはこの研究に役立ちそうなアイデアがいくつかあった。何より，ヒアリのライフサイクルの詳細を知っていたこと，その生活が比較的単純だったことなどから，ヒアリという種こそが，この研究にふさわしいと思ったのだ。

では，何から始めよう？　そう考えたとき，生物学研究者としての私の人生にいつも刺激を与えてくれた，こんな原理を使うことにした。「生物学のあらゆる問題には，それを解決するのにふさわしい種が存在する。その逆もまたしかりで，あらゆる種は，研究で解決すべき理想的な問題をもっているものだ」。

ヒアリがもっていた解決すべき問題とは，食糧を探すときに使う共通言語のことだ。ヒアリの働きアリは，何かを探すことや救出することにかけては，アリの中でもずば抜けた能力をもっている。ヒアリのコロニーが庭にできると，いつの間にかキッチンのテーブルからクッキーのかけらが盗まれるようになる。食べ物がどこにあろうと，偵察アリは何度も巣から取りに来る。それがうまくいった場合，食べ物をもっと安全に巣へ持ち帰れるよう，姉妹の働きアリたちを手伝いに来させる。さらに，食べ物のある場所を，働きアリに正確に伝える。たとえばネズミの死骸や，人間がうっかりピクニックテーブルに残したケーキなど，持ち運ぶには大きすぎる食べ物を見つけた場合，働きアリは少しだけそれを食べて，口器に食べ物の匂いをこすりつけ，あとで巣の仲間にその情報を伝えられるようにする。そののち，たいてい一直線に巣へと戻りながら，針の先端を突き出して地面に引きずり，フェロモンを少しずつ放出していく。

食べ物を見つけたアリは，巣に帰り着くと中へ駆け込み，順番に巣の仲間に顔を向ける。そして「道しるべフェロモンをつけておいた。この道の先に食べ物がある」と伝える。その際，見つけた食べ物の種類と性質も伝える。食べ物の量が多いほど，またコロニーが空腹であるほど，食べ物を探すアリの興奮の度合いは増す。人間の言葉にするとこんな感じだ。普通のときは「ねえ，食べ物だよ。見つけたよ」。それが興奮すると「ちょっと！　食べ物だよ！　こっち見て！　私の跡をたどって！　私もまた戻るから！」と大声で叫ぶ感じになる。巣の仲間1匹1匹にそんなメッセージを慌てて伝えたあと，先ほど来た道をたどって，元の場所に戻っていくのだ。

そこで私は，まずその道にはフェロモンが残されているだろうと思いついた。次に，研究室内での実験でアリのフェロモンへの反応を見れば，それはフェロモンを放出する分泌腺の場所を探すための最高のバイオアッセイ（生物学的試験。微生物や実験動物を利用して化学物質が及ぼす影響を調べる）となるだろうと考えた。

さっそく，そのフェロモン分泌腺を見つけるために動き始めた。アリのロゼッタストーンのこの部分を理解できれば，ヒアリのコロニーに「話しかける」こともできるようになる。どこで食糧を探すべきかも伝えられるようになるのだ。そこで必要となったのは，外分泌腺（体外に物質を分泌する腺）を切り離すことと，人工の臭跡（フェロモン跡）をつけて研究室内でもアリが反応するかどうか見ることだった。

そのためにはまず，アリにこの外分泌腺があるかどうかを調べ，あるとしたらその場所を知る必要があった。だが，19世紀から20世紀にかけて，チャールズ・ジャネットやオーギュスト・フォレル，ウィリアム・M・ホイーラー，マリオ・パヴァンなどが顕微鏡を用いて行った草分け的な研究のおかげで，アリ種全般で外分泌腺がどこにあるのか私には見当がついていたのだ。こうした初期の解剖学的研究では，組織学の古典的な方法が用いられていた。それは，標本を切開し，複合顕微鏡を使って三次元構造を再構築するというやり方だ。彼らの論文は非常に役立った（というより，なくてはならないものであった）。とはいえ，私にはまだ手ごわい問題が残されていた。典型的なヒアリの体長は2～5mm，重さは1～2mgだ。個々の分泌腺を切り離し，汚染物質を取り除いて洗浄し，その中身を研究室のヒアリコロニーに差し出すには，一体どうすればいいのか。彼らはかろうじて塵《ちり》や埃《ほこり》より大きいくらいのサイズなのに，と私は考え込んだ。

生物学者がこういった細かい作業を行う場合，マイクロマニピュレータを使うのが一般的だ。指先でそっと動かすだけで小さなパーツに力が伝わり，極小サイズの物質を扱うことができる機器である。この新しい技術を学ぶ際にはもどかしさも感じたが，蓋を開けてみれば，やはり私は運がよかった。手に乗るくらいの最小サイズのマイクロマニピュレータを使うことで，望んだ通りの作業ができたのだ。その機器の先端には，ごく小さな宝石を扱う宝石職人御用達のデュモン社製5型ピンセットが使われていた。アリの分泌腺を切り離すときは，意識して筋肉を動かすこともなかった。こうした解剖用の小さな顕微鏡の下では，普通の指の震えでさえ，ぶるぶると細かく震えているように見える。こうした不随意の動きだけで，分泌腺の根元を切り開くことも，それをあらかじめ用意しておいた昆虫用の生理食塩水に入れることもできたのだ。

そして私は，アリのフェロモン研究の最中，生物学的研究のもうひとつの原理を理解するようになった。その原理とは，以下のようなものだ。

「新しい現象を探すときには，セレンディピティ（偶然の出会いや予想外の発見で幸運をつかみとること）を狙おう。とにかく実験を繰り返すことが大事だ。もちろん正確さは期すものの，大雑把かつ簡単な実験でいい。そして，予想通りであってもなくても，とにかく何らかの結果を得ること。一番の目標は，未知の現象を発見することだ。その後も実験を繰り返し，慎重に測定し，結果を分析するためのほかの方法を模索し，逆説の構築と検証を行う。正式な論文にまとめ，学界で発表できる形になるまでには，これくらいのプロセスが必要なのだ」。

セレンディピティで得られる最良の成果は「驚くこと」である。私は道しるべフェロモンの研究中に，それを経験した。道具と技術を使いこなす中で，私はまずヒアリの毒腺に注目した。食糧を探す働きアリが，針を突き出して道しるべフェロモンを放出する様子は，顕微鏡用ステージで見られる。その際に，何らかの分泌腺から毒も出ているのではないかと考えた。フェロモンも毒だと判明するかもしれない。だが，検証してみたところ，この仮説は誤りであった。空腹のヒアリは，毒など出していなかった。そしてもちろん，私がアリの体のあちこちから取った分泌腺の内容物も，毒ではなかった。

そこで私は，針とデュフォー腺（1841年に初めて記述を残したレオン・ジャン・マリー・デュフォーにちなんで名づけられた）に関連性があるのではないかと考えた。アリやハチに広く見られるデュフォー腺は，針の基部に開口している。ソーセージのような形で，肉眼では小さな白い斑点のようにしか見えない。はじめはヒアリの道しるべフェロモンに重要な役割を果たしているようには見えなかった。だが，殺したばかりのアリの組織を細かく裂き，生理食塩水で洗い，精密ピンセットの先端で潰したものを使って，研究室にある巣の入口から人工の臭跡をつけたところ，驚くべき結果が得られたのだ。巣から出てきたアリは，わずかな数ではなかった。大群となり，爆発的な勢いで飛び出してきたのだ。アリたちは私が臭跡をつけた道を行ったり来たりしていた。混雑したビルで大音量の火災報知器を聞いた人間たちが，外に飛び出して叫んでいるようだった。

ようやく関連性が確認できた。それは活性化学物質に対する生物学的反応であった。さて，次に行うべきは，バイオアッセイで化学物質を同定することだ。これが成功すれば，真の進歩となる。アリのロゼッタストーンに記された言葉を解読できるということだ。幸運にも，ちょうどその当時，天然物を研究していた有機化学者たちが，ごく少量の混合有機物質を同定する技術を完成させていた。まず，ガスクロマトグラフィーという手法で，混合物から特定の成分を分離する。その分離した物質を同定し，以前に同定された成分と比較する。これをガスクロマトグラフィー質量分析法という。

私は，この新しい手法に精通したハーバード大学の化学者三人と，ヒアリのフェロモンを同定するための共同作業を行うことにした。当時はテキサス州ヒューストンのベイラー医科大学の若き教授であったジェームス・A・マックロスキー，当時はシカゴ大学教授でのちにアリゾナ大学の生化学部長に就任したジョン・H・ロー，そして当時は大学院生だったが，のちにハーバード大学メディカルスクール（医学大学院）の著名な教授となったクリストファー・T・ウォルシュの三人である。有機化合物であることが確実なフェロモンの正体を突き止めるには，少なくともミリグラム単位での純粋なサンプルが必要だった。しかし，この必要条件には別の問題があった。アリ1匹に備わっているその物質の量は，必要な量の1/1,000,000程度だったのだ。作業を進めるには，何千匹ものヒアリからフェロモンを採取する必要があった。

一体どこに行けば，それほど大量のサンプルが手に入るのか？　チームの生物学者であった私は，その答えを知っていた。アメリカ南東部の高速道路や一般道路沿いの草むらには，約100m間隔でヒアリの巣ができていたのだ。そして，それぞれの巣には20万匹程度の働きアリが生息していた。しかも私は，それぞれの巣にいるアリを大量に採取する方法も熟知していたのである。

そこで私は，化学者の友人をフロリダ州ジャクソンビルのすぐ西にある高速道路に連れて行くことにした。そこには淡水が静かに流れ込む池があり，その近くにヒアリの巣があったのだ。われわれは，ヒアリの働きアリの針をいなしながら，アリ塚状の巣から大量の土をすくって小川に落とし，土中のアリが水面に浮かんでくるのを見守った。するとヒアリは，洪水からコロニーを救うときと同じ本能で突き動かされ始めた。大群で「いかだ」をつくったのだ。自然条件下では，そのいかだは安全な港にたどり着くまで水に浮いて移動することができる。

われわれハーバード大学チームは，このヒアリ社会の本能を利用して，通常の有機化学分析を行うのに十分な量のアリと，その体から得られる物質を採取した。こうして精製した物質で人工の臭跡をつけた結果，フェロモンの物質はテルペノイドだろうと判明した。

そのとき，不可解な壁に突き当たった。フェロモンの分子構造を知るために精製した物質を使ったのだが，フェロモンに対するアリの反応が徐々に弱くなっていったのだ。予想していた結果が覆されたわけだ。結局，フェロモンの効果はひとつの物質によるものではなく，複数の物質によるものであった。そして，その説を証明したのは，アメリカ合衆国農務省がフロリダ州ゲインズビルに置いていたヒアリ研究室の責任者ロバート・K・ヴァンダー・ミーアだった。彼の研究により，デュフォー腺から分泌される物質は，巣の仲間を興奮させるフェロモンや惹きつけるフェロモン，行動を促すフェロモンなどが混ざったものだということがわかった。

この研究をしていた当時，こんなことがあった。今思えば，アリにとってはモーゼのように見えただろう。人工巣の入口付近に，大量の濃縮フェロモンを敷いたのだ。すると，アリの大群が，激しく興奮しながら巣の外へ出てきた。残念なことに，私は彼らに「約束の土地」を用意していなかった。そのため，彼らは無駄に辺りを歩きまわったあと，ゆっくりと巣へ帰る羽目になったのだった。

12章

アリの言葉

今までに昆虫学者によって分類されたアリは15,000種以上おり，その中にはおしゃべりをするアリもいる。それぞれの「アリの言葉（Formic*）」とは，フェロモンの配列であり，働きアリが社会生活を統制するために使っている。幾人かの生物学者たちと私は，部分的にではあるが，その化学物質を用いた言語を，視覚と聴覚に特化した人間の言語に置き換える方法を発見した。

そこで疑問が浮かぶ。おしゃべりをする種の働きアリは，フェロモンの量をどれくらい使っているのか？　私が「アリ語（formicese）」と呼んでもいいと思える言葉はどのくらいあるのか？　私の推測では，正確な数は種によって異なるが，10個から20個だろう。さらに，アリは分泌するフェロモンの量を変えることで，新しいメッセージをつくることもできる。

たとえば，種子やほかのさまざまな食べ物を採集するシュウカクアリ属の*Pogonomyrmex badius*が，天敵であるヒアリの大群と鉢合わせすると，ノコギリ歯を備えた大顎の接合部にある一対の腺から，警報物質メチルヘプタノンを噴霧する。この物質は揮発性であるため，すぐに消散

*詩人ロバート・フロストが傑作短編詩「各部門の」の中で，アリ言語を指して呼んだもの。

し，アリにも人間にも容易に感知できる匂いを発生させる。この気化したメチルヘプタノンは，アリがその場に居続ける限り，半球の「活動空間」を形成する。その空間には，アリにも人間にもわかるフェロモンの匂いが充満しているのだ。その物質，および匂いの濃度は，アリの前頭部にある分泌器官の辺りが最も高くなる。そして活動空間の境界に向かうと，急激に弱くなる。

匂いでつくられた言葉は，まず活動空間の端で「その言葉を聞く」アリに伝わる。アリが最初にその言葉に気づくとき，その信号は最も弱い状態だ。だがその弱い信号は，受信したアリを惹きつける。そしてそのアリは，導かれるようにしてフェロモンが濃く匂う方向へ向かう。メチルヘプタノンは，点滅する赤いライトのようなものだ。「気をつけて！　異変があります。こちらへ来て，確認してください」といったメッセージを発している。アリがその中心地へ向かい，フェロモンの濃い場所へ移動すると，アリは興奮し始め，問題のある場所を探すために駆けまわる。「助けて。巣の仲間が困っています。彼女のもとへ来てください。フェロモンの濃いほうへ」といわれているからだ。すぐに（通常は数秒以内に），そのアリは困っている仲間のもとへ到着し，困りごとを一緒に解決しようとする。ちなみに，シュウカクアリ属は，ひとつのフェロモンから三つの単語に相当する言葉をつくり出すことができる。

また，こんな疑問も浮かぶ。自分とは別種のアリのフェロモン言語を「読む」こともできるのか？　その答えは，「一部のケースでは可能」だ。だがその能力は，社会寄生による搾取への扉を開けることにもつながる。私がトリニダード島北部の山林で発見した例のひとつには，樹上性の種であるアステカアリ属の*Azteca chartifex*が関わっていた。彼らのコロニーは巨大に成長し，木材繊維を咀嚼《そしゃく》して，巨大な巣をつくる。何万匹もの働きアリが，木の枝や幹に沿って太い隊列をつくり，木の外へ流れ出す。そして，地上の植生に生息する豊富な植物や昆虫を食糧とするのだ。

トリニダード島北部の山中にある自然保護区を訪れていたそのとき，やや大きく，色も異なる別種のアリがアステカアリ属と一緒に走っていることに気がついた。のちにオオアリ属の*Camponotus apicalis*と同定されたこのアリたちは，木の上にある巣から地上の餌場まで，アステカアリ属の足跡をたどっていたのだ。実際に，オオアリ属はアステカアリ属から盗んだ情報をもとに行動し，餌の一部を盗んでいた。アステカアリ属はオオアリ属を捕まえようとしたが，侵入者の力が強すぎるうえに，スピードも速すぎて，捕まえることも，針で刺すこともできないようだった。

アリの嗅覚は天才的だ。もちろん，犬が匂いを嗅ぎ分けるときの嗅覚の力は絶大である。だが，嗅覚の使い方については，アリのほうがよく知っているといえよう。アリは匂いを使って文明を築いてきた。アリの脳は，遺伝的に匂いに反応するように設計されているのだ。一方で，人間は音や視覚的な信号を使うほうが得意であり，そうして生まれたのが人間の言葉だ。自由に意味を与えたり，自由に文章と組み合わせたり，意味の配列をいくらでも広げたりすることができる。

たとえば，アリはフェロモンとほかの匂いを組み合わせて「原初的な言葉」をつくることができる。食糧を探していた働きアリがヒアリに遭遇すると，巣に駆け込みながら警報フェロモンを噴霧して，「緊急事態発生！　危険が迫っています！」と叫ぶ。次に，先ほどの争いで自分の体表面についたヒアリの匂いを嗅がせて「敵が来た！」と伝え，振り返って先ほどの臭跡をたどって戻りながら「こっちにいます，ついてきて」という。おそらく，仲間を戦いに向かわせるための別のフェロモンも，その空気中にまじっているのだろう。「女王のため！　女王のためです！　女王のために命をかけて戦いましょう！」と伝えるフェロモンだ。

アリも人間と同じように，数多くの種が総出で1億5000万年をかけて進化を続ける間に，純粋な言語を進化させたのだろうか？　われわれが音を使って言葉をつくるのと同じように，アリも周波数や振幅《しんぷく》の異なるフェロモンの波動を発して言葉をつくることができるのだろうか？　その答えを数理物理学のモデルを使って出すと，「可能性はわずかにあるものの，限りなく低いだろう」となる。匂いの波動は，音の波動とは根本的に異なるからだ。発話するには，つまり匂いで会話するには，わずか数mmの距離で放出と受信を行う必要がある。

アリなどの無脊椎動物は，体が小さすぎ，頭脳も貧弱すぎるため，コミュニケーションの限界を超えることができない。それでも社会性昆虫，とくにアリでは数多くの種のいずれかが，人間が想像し得る化学的なコミュニケーション手段を使って，ほとんどすべてのイノベーションを達成しているだろう。

13章

アリは（ほとんど）どこにでもいる

アメリカ大陸にある自然環境の中で，絶対に足を踏み入れないほうがよい場所がある。7月のデスヴァレーと真冬のワシントン山の頂上だ。ニューハンプシャー州のプレジデンシャル山地に属するこの山は標高1917m，アメリカ北東部では最高峰である。年間を通じて気温が変化しやすく，冬には氷点下になり，ハリケーン級の強風が頻繁に吹きつける極寒の地だ。

私は，山頂にアリが生息しているか調査するため，年をまたいで二度この山を（車で）訪れた。一番穏やかな気候といえる真夏にである。果たして，山頂にアリはいた。弱々しく日が差した開けた場所に，平らな岩石がいくつもあり，その下でアリのコロニーが生き延び，繁栄していたのだ。そこにいたのは，オオアリ属の*Camponotus herculeanus*，ヤマアリ属の*Formica neorufibarbis*，タカネムネボソアリ属の*Leptothorax muscorum*の3種だった。いずれも北極圏の限界線に生息していた種である。

その後，真夏にアイダホ州サンヴァレーで開かれたライターズ・カンファレンスに出席したとき，ついでに友人たちとスキーリフトに乗り，高くそびえ立つ森林を越えて，山頂に行ってみることにした。そこは矮《わい》樹《じゅ》（気候の影響などで小さくなった木）が散在する草原で，冬には極寒の気候となる環境だった。われわれ調査隊一行が日差しで温められた岩をひっくり返したり，矮樹の幹を入念に調べたりと熱心に探索を続けていたところ，厳寒地域に生息する種のひとつである*C. herculeanus*を発見した。

それと同じころ，ある生物学者から，翌年の夏に友人と一緒にラブラドール地方を歩いて横断する計画を立てているという手紙が届いた。そこでアリに遭遇したら知らせるので,見てくれないかとも書かれていた。私はその依頼を大喜びで引き受けた。後日，彼らから届いた報告によれば,アリに遭遇したのは一度だけだったようだ。矮樹の根元に巣をつくっているコロニーがひとつだけあったという。それが――もう驚かないだろう――*F. neorufibarbis*であった。

人類が世界各地に広がった過去10万年の間，自然の生態系に住み着いた数多くの種のアリとも共存を続けてきた。やがて人間は，期せずして，作物や荷物を介して数百種以上ものアリを世界各地に広めた。そのような歴史の中で，アリはある弱点を持ち続けた。それは，海を渡れないということだ。それを裏づける証拠がある。ひとつ目は，アリがガラパゴス諸島に住むことも，そこで進化を遂げることも，ほとんどできなかったという点だ。それとは対照的に，南アメリカ大陸から海を越えて来た鳥類と爬虫類は，高確率でガラパゴス諸島に住み着くことができ，劇的な進化を遂げた。

中でも，ダーウィンフィンチ類の鳥は，ガラパゴス諸島で発生した適応放散的な進化を象徴的に示す例といえよう。ガラパゴス諸島まで飛行した(あるいは嵐で吹き飛ばされた)一組のつがい，または集団が，この島で生き延びて繁栄した。これが時間の経過とともに，最初の種が二つ以上の種に分かれ，それぞれがさらに多くの種に分岐したのだ。さらに，それぞれのニッチに応じて進化し，特殊化した。ダーウィンやほかの生物学者が発見したその鳥類には，単一の祖先から産み出された多様な動物相があった。くちばしで昆虫だけを食べるよう適応した種もいれば，さまざまな硬さの種子を食べられるようにくちばしが大きく，分厚くなった種もいる。そういった中で，最も有名なのは「キツツキフィンチ」だろう。この鳥は本能的に小枝やトゲを切り取り，それを使って木の穴に潜む昆虫を掘り出す。また，爬虫類の中にも，陸上での生活に適応した種や，海に潜って海底の植物を食べる種などがいる。

この壮大な進化のドラマに加わって繁栄したアリの種は見当たらない。私が聖地巡礼のつもりでガラパゴス諸島を訪れたとき（このときはエクアドル政府の科学顧問としての仕事があった），いたるところでアリを見つけたのだが，どれも「放浪種」であった。アフリカや熱帯アジア，アメリカ大陸など，さまざまな起源をもつ彼らは，貨物や荷物に紛れ込んで，ガラパゴス諸島やほかの世界各地にたどり着いただけだったのだ。

私の知る限りでは，ガラパゴス諸島で進化したアリは1種だけ（しかも分岐進化はしていない）。それはオオアリ属の *Camponotus williamsi* だ。ちなみに，この学名は植民地時代の探検隊の指揮官にちなんだものだ。このアリは，どうやらこのガラパゴス諸島で進化したようだが，複数種に分化していない。

鳥類やココヤシや人間とは違って，アリは自力での航海がとりわけ不得意なのだ。1967年に，ロバート・W・テイラーと私は，「ポリネシアのアリ」という共同論文を発表した。このアリは小さな環礁にいるものも含めた在来昆虫相の中では，どこにでもいる存在であることがわかった。同時にこのアリの特殊性も判明した。この種の半数近くが，近代的な人間の商業活動によって太平洋に持ち込まれたのだ。より正確にいうと，太平洋の島々にアリが多く住み着くようになったのは，ヨーロッパ人の入植が行われた過去4世紀の間だけということだ。ロトルアの東やサモア，トンガ，ニュージーランドには，真の在来種といえるアリはいないようだ。それとは対照的に，タヒチやソシエテ諸島，トゥアモトゥ諸島，マルキーズ諸島，そして最後にハワイへと移動するにつれて，人間に混じって移動した放浪種が環境の中で優占種となっているのを発見した。

ハワイの事例は，進化と環境を研究する科学者にとっては特別な関心事である。ハワイに生息するアリは，21属36種が知られている。そのうち29種が，地球上の熱帯地域のほかの場所から来た，放浪する性質を元来備えた種だ。また36種の中には，島で進化したという意味での在来種は一匹もいない。すべてが食べ物や木工品，衣類などの荷物に混じって，期せずして人間により，ハワイに持ち込まれたようだ。それはおそらく2000年前に，ポリネシア人が双胴船で最初にハワイに上陸したときから始まったのだろうと考えられる。

ホノルルのバーニス・P・ビショップ博物館の館長も務めた偉大な昆虫学者エルウッド・C・ジマーマンは，環境に与える重大な影響をもとに，ハワイにはアリがいないと1970年に主張した。彼はこう書いている。「ハワイ諸島そのものが豊かな自然の研究室だといえる。そこでは多くの進化現象を観察することができるのだ。それらはシンプルな形や，特徴がはっきりした形といった，進化の初期段階の形で見られることが多い。ほかの多くの環境では多様な進化の形があり，マスキング効果で判別が難しくなることもあるのだが，ハワイではそうしたことがないのだ」と。

先史時代に離島に住み着くことができなかった生物は，アリだけではなかった。結果的に，そういった島は不調和とも，アンバランスともいえる生態系の土地になってしまった。ハワイに在来種の哺乳類や爬虫類，淡水魚は存在しない。2000種類の高等植物という植物相は見られるが，帰化植物は約275種しかない。昆虫相は約6000種からなるが，解明されている昆虫の種類は，そのうち1/3ほどだという。ジマーマンはこうも述べている。「おそらく植物や昆虫の祖先がそれぞれ単体で，ハワイ諸島の形成史の過去2万5000年から1万年の間に上陸したのではないだろうか」と。

生物学的世界の最後の地さえも征服したアリは，自らの力でそれをなし遂げたわけではなかった。空飛ぶ女王アリとごった返すアリのコロニーが存在しない地球の陸地環境がどんな風になるのか，ハワイを見ればわかるだろう。

少数の昆虫や鳥類，そのほかの動物や植物は，人間とアリが来る1000年前からハワイに到達している。彼らはほかの諸島にいる種よりも，敵が少ないため急速に進化することができ，多くの種はそうなった。相対的に見れば，種の数は多くの集団で爆発的に増加したといえる。それはたとえばガガンボやイトトンボ，ヨコバイ，ミズギワカメムシ，ドロバチ，ムカシハナバチ科，ハワイカザリバガなどだ。そして鳥類では，非常に多様で美しいハワイミツスイなどもいる。一部では，世界中のほかの生息地にいる合計数よりも，ハワイに生息している種の合計数のほうが多い事例も見られる。こうして繁殖する動物の数はいずれも，人間とその侵略仲間（とくにアリ）の連携プレーによって減少している。

アリ学者は，19世紀半ばごろから，膨大なフィールド調査と研究室での研究を何世代にもわたって継続してきた。その作業の中で努力を重ね，地球上に生息する15,000種以上のアリを1種ずつ，生物学のあらゆる側面から発見し，分類し，記述してきたのだ。だからこそわれわれは,アリの進化と地球にもたらした影響について的確に評価できるのだ。

この研究の過程で，われわれはあることに気がついた。前述したように，アリは自力で海を渡ることは不得意であり，大きな水隙《すいげき》（山脈を横切る横谷）を越えることも難しいのだと。アリは遠く離れた島々へ移動するとき，いつも人間に頼ってきたのである。だが，新しい土地にたどり着きさえすれば，アリはその独創的性質を発揮できる。高い確率で陸上の生息地を占有できるのだ。彼らは巣をつくれそうな場所ならどこにでも侵入し，利用できる食糧源のほとんどを掌握してしまう。そうやって節足動物の中で覇権を維持しながら，樹冠から植物の根までという，陸地のあらゆる階層を支配しているのだ。

私も含めたアリ学者は，アリがどこかの洞窟に生息しているのではないか，数は少ないとしても，そういう種が多少はいるのではないかと，あれこれ思いをめぐらせてきた。もちろん，そう信じられる強い理由があるからだ。暗く湿った地面や石の下は，アリが巣をつくるのに最適な環境なのだ。そして多くの洞窟には，アリの大事なエネルギー源となるグアノ（鳥やコウモリの糞や体毛,死骸などが堆積して化石化したもの）だけでなく，地下水の浸出によって形成された小川や水たまりもある。定住地を変えることはそれほど難しくない。コロニーを形成するアリは，少し歩くか,奥まったところに落ちるだけで目的を果たすことができる。

洞窟内の生物を研究する生態学者は，洞窟に住む生物を大きく二つに分類している。そのひとつ目は「好洞窟性動物」だ。彼らは洞窟を好み，洞窟内やその外で暮らしている。洞窟性コウモリがすぐに思い浮かぶだろう。洞窟の入口を探検すると，さまざまな好洞窟性動物に遭遇する。洞窟の奥深くから移動してくるものもいれば，奥にも外にも行ける入口付近に住むものもいる。そうした好洞窟性の昆虫の中で最も目を引くのが，キャメルクリケットという大きな肉食性のコオロギである。体のあちこちにトゲがあり，鋭く力強い大顎をもつ彼らは，昼は洞窟内で安全に過ごし，夜の間に外へ出て食糧を探す。

洞窟に住む生物の二つ目は，真洞窟性動物だ。アリ学者は，とくにこちらのほうに興味をもっている。彼らは，外からの光がまったく入らない洞窟の奥深くで恒久的に暮らすという特殊性をもっている。それはなぜか？　少なくとも科学的には，アリは暗く湿った環境に適していることが判明している。そして，1億年以上前に世界の動物相に登場して以来，常に特殊な種を増殖させ，コロニーと遺伝子を地下に定住させ続けてきた。

1922年，ウィリアム・M・ホイーラー（ハーバード大学の昆虫学教授とキュレーターをつとめた私の大先輩）は，生態学者のF・M・ユーリックがつくったアリのコレクションを受け継いだ。それはトリニダード島のグアチャロ洞窟でつくられたものだった。その洞窟には，アブラヨタカ（「グアチャロ」ともいう）が生息している。鳥類でも洞窟性コウモリのような種だ。そのコレクションのアリは，淡い色に小さな目，長い剛毛が特徴だった。それを見たホイーラーは，そのアリが洞窟の奥深くに住むのに特化した真洞窟性動物である可能性が高いと閃《ひらめ》いた。ホイーラーはそのアリに，*Spelaeomyrmyrex urichi*という学名をつけた。「ユーリックの洞窟アリ」という意味だ。現在，その正式な学名は，カレバラアリ属の*Carebara urichi*に変更されている。

それから40年後の1962年，私は妻のアイリーンとともに，新設されたばかりのエーサライト・ネイチャーセンターに滞在していた。そのとき私は，絶対にユーリックの洞窟アリを見に行こうと決めていた。見たいという思いを抑えきれなかったのだ。

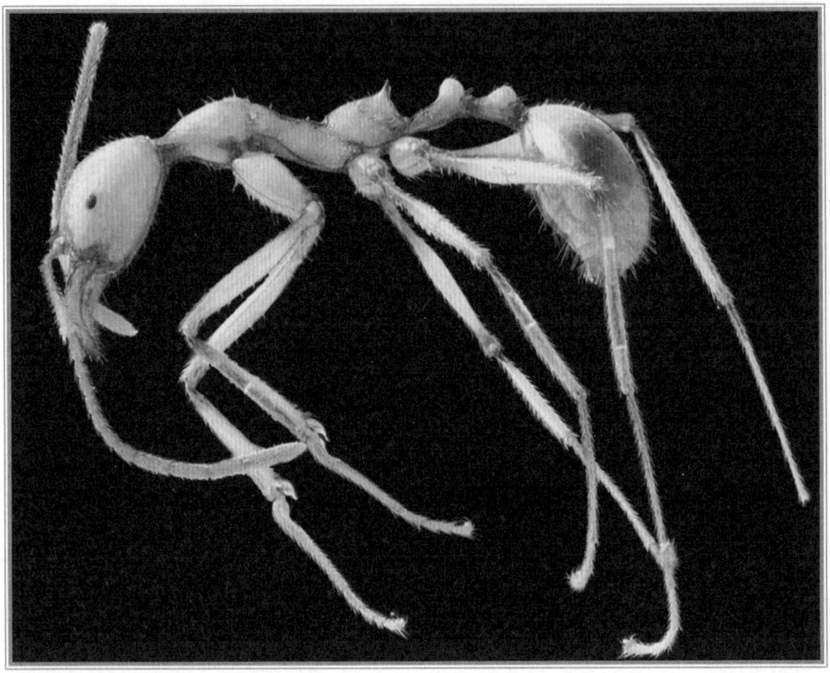

沖縄本島の鍾乳洞に生息するガマアシナガアリ（*Aphaenogaster gamagumayaa*）は，真洞窟性である可能性が高いと，名嘉猛留と丸山宗利の両氏が述べている。

車で移動したのち，森やカカオ農園などの長く複雑な道を歩き，ようやく洞窟の入口に到着した。私は疲れていたし，軽い閉所恐怖症で緊張していたが，まったく新しいものが見られるという興奮で，胸が高鳴るのを感じていた。オロプーシェ洞窟には，オロプーシェ川の源流があった。洞窟の奥から幅数メートルの清流が流れ出しているのだ。むき出しになった洞窟の地面は，頭上に巣をつくる大量のアブラヨタカが落としたグアノで覆われていた。洞窟に入ってすぐの辺りの昆虫やほかの節足動物の動物相は，アリ，トビムシ，キャメルクリケット，ハサミムシ，小さなハエ，ダニなどのいくつもの種からなる，豊かで多様なものだった。私が見ることができた限りでは，そのほとんどは洞窟の入口の外でも見られる好洞窟性動物だった。

洞窟の入口から15mほど進むと，完全な暗闇に包まれた。洞窟は200～300mの長さの道で，そこに沿って五つの大きなカーブがあった。やがて洞窟内の節足動物相は減り始め，アヤトビムシ，シミ，ワラジムシ目ばかりになった。最後のほうでは，洞窟の天井が水面から1m以内にまでなっており，さらに20mほどの道が続いていた。その途中で，カレバラ・ユーリックのコロニーに何度か遭遇した。私はそのうちのひとつを掘り起こして容器に入れ，研究室に持ち帰って詳しく調べることにした。

数週間後，アイリーンと私は，トリニダード・トバゴから，当時オランダの植民地だったスリナム共和国の首都パラマリボに移動した。私は周辺の熱帯林や草原に通い，南アメリカ大陸の非常に豊かなアリ動物相を観察して楽しんだ。あるとき，現地の人々が住むバーナーズドープという村から出発した私は，腐った大きな丸太を切り裂いた。そこはアリやほかの昆虫やクモ形類の宝庫だった。腐った樹皮を引き剥がして大きな断片にしていくと，カレバラ・ユーリックのコロニーを発見した。

近くに洞窟はなかった。ということは，グアチャロ洞窟で遭遇した種は，洞窟に住めるならそこに住むというタイプの好洞窟性であり，洞窟だけに住む真洞窟性ではなかったということだ。つまり，アリ全体としてこの独特な環境に適応したわけではないのだと私は考えた。アリは極度に乾燥した砂漠や，極端に高い位置にある樹冠，氷がない厳寒の地にも生息できる。洞窟もそうした生息地のひとつなのだろうと。

それから40年以上もの間，真洞窟性のアリがいるという証拠が見つかることはなかった。だがその後，アジアでそれぞれ研究を進めていた二つのチームによって，これまで知られていなかった二つの候補種が発見された。ラオスで発見されたハシリハリアリ属の*Leptogenys khammouanensis*と沖縄島で発見されたガマアシナガアリ（*Aphaenogaster gamagumayaa*）である。

この2種の先駆動物は，洞窟の奥深くでしか発見されていない。どちらも洞窟に多く住むコウモリのグアノに含まれる豊富な栄養分を摂取し，また昆虫やクモ，そのほかの節足動物を捕食していると思われる。彼らは細長い体に細長い関節肢，矮小化した目，淡い色合いなど，洞窟の奥深くに生息する種によく見られる適応をしていた。

高山の頂，極地に近いが氷のない大草原，洞窟などは，アリにとって最後の開拓地である。1億5000万年の進化を経て，アリは洞窟に住むための足掛かりを得た（昆虫用語でいうと，「跗《ふ》節《せつ》がかり」を得た，という感じだろうか）。これから先，より多くの種が発見されることだろう。

14章

早く家に帰りたい

サイズが大きく，赤と黒の二色からなる体をもつウマアリ属の*Cataglyphis bicolor*は，その細長い脚で，酷暑となる北アフリカの砂漠の塩湖や，アフリカ北部の地中海沿岸地域を横断する。食糧を探すこの種の働きアリの中には，植物の表面から出る分泌物を舐めて餌とするものもいる。また昆虫，ワラジムシやダンゴムシ，そのほかの生物を捕食するものもいる。その中でも弱い種は捕食されることもある。夏には，灼熱の地面の熱と乾燥で死んだ生き物の腐肉を食べることもある。

この*C. bicolor*は，餌を探すために，コロニーの巣から出て100m以上の距離を移動する。これを人間に置き換えると，かなりの距離に相当する。巣の入口は地面に穴が開いているだけのことが多く，その下には部屋やトンネルからなる大都市が広がっている。コロニーのための食糧を運びながら，砂漠の表面にある小さな穴を見つけて巣に帰るには，人間の探検家が行うような一連の知的な作業が必要となる。こうしたアリの識別能力について研究している，スイスのチューリッヒ大学の昆虫学者リュディガー・ヴェーナーとその共同研究者たちは，「*Cataglyphis bicolor*は，一連の本能と，人間からするとハッとするような地形の覚え方を独創的な方法で組み合わせている」と述べている。

一見，何の特徴もない天空の下を，*C. bicolor*の食糧を探す部隊がうろついているように見える。だが実は，目に見えるのとは逆のことが起こっているのだ。まず，彼らには方角を覚えるための目印となる高層ビルや橋がない。だが，岩石や低木，くぼみなどは豊富にある。ミツバチの事例がよく知られているだろう。ミツバチは，直射日光を使ってナビゲーションを行う。直射日光を手掛かりとした自律航法で,その光には,人間には見えない情報が多数含まれているのだ。その情報には，偏光によって示される空間勾配《こうばい》，分光組成，および天空に偏在するミツバチにとっての信号となる放射強度などがある。

歩き回る*C. bicolor*の働きアリは，多くの場合，自分がどこにいるのかを正確に把握している。たとえば獲物が重すぎたり，夜が近いと気づいたりして,もう家に帰ろうと決めた場合,そのアリは高いところに登って目印を探したり，これまでに放出された道しるべフェロモンを探そうと道を行ったり来たりすることはない。コロニーの巣に向かって一直線に走り，入口を下っていくのだ。

ときには，まっすぐ向こうへ走りすぎてしまい，入口を見逃してしまうこともある。だがそれでも，完全に道に迷ったわけではない。アリは自分がどれだけ走ったかを悟り，自分のミスに気づくのだ。

リュディガー・ヴェーナーと同僚のマンディアム・V・スリニヴァサンは，一連の独創的な実験を行って，アリが自分のミスを修正する方法を発見した。彼らの言葉を以下に引用する。

> 帰巣中の*Cataglyphis bicolor*が迷子になった場合，彼らは適当に道を探すのではなく，いつも決まった探索戦略を使う。道の探索中，アリはもといた場所を起点にして，異なる方角を指すように，ループを繰り返す。ループのサイズは少しずつ大きくなる。この戦略により，巣がありそうな中心地を集中して調べ

られるのだ。

もといた場所を中心としてループを繰り返すというシステムで，一時間ほど探索を続けた場合，アリの探索経路は約10,000 m^2の面積をカバーすることになる。そのため，自然界では，完全に迷子になった*C. bicolor*には滅多に出会えない。

*C. bicolor*の帰巣技術を知る前の私も，アマゾンの熱帯雨林で迷子になったときに同じ手法を使ったことがある。そのとき私はマナウス北部にある世界自然保護基金の研究所に滞在していた。この手つかずの森の，多種多様な風景に見入っていたのと，マテイロス野営地でペットとして飼われていた迷惑なオウムが私の肩に乗り，爪を食い込ませてくるのに気を取られて，森の奥深くに迷い込んでしまったのだ。だが，行き当たりばったりの方向を選び，そこへ向かって一直線に進むなどということはできない。それでは状況が悪化するばかりだ。もしも正しい道から斜めにずれた方向を選んでしまったら，数日後にはベネズエラの湿地帯にたどり着いたり，遠く離れたアマゾン川の土手で立ち止まったりするかもしれない。あるいはもっと悪いことに，誰かに見つけてもらうのをじっと待つという屈辱を味わうことになるかもしれない。

その瞬間，私は絶望した。*C. bicolor*も，長い帰路を歩いたあとで巣の入口を見つけられないときは同じ気持ちになるのだろう。考えろ，考えるんだと自分に言い聞かせ，それから*C. bicolor*のような解決策をとった。まず，大きくて特徴のある木の幹を選ぶ。できる限りどの角度からも見える木だ。その下面を覚えながら，周りを歩く。そうやって一周するのを繰り返しながら，一周ごとに直径を広げる。要するに，正しい道に突き当たるまで，対数螺《ら》旋《せん》状に歩くのだ。それで私は助かった。道に迷ったらぜひ試してほしい。

何十年にもわたる研究の中で，ほかのいくつかの種も，*C. bicolor* の拡大ループや私の対数螺旋のやり方と同じくらい巧妙な帰巣技術をもっていることを発見したアリ学者たちがいる。

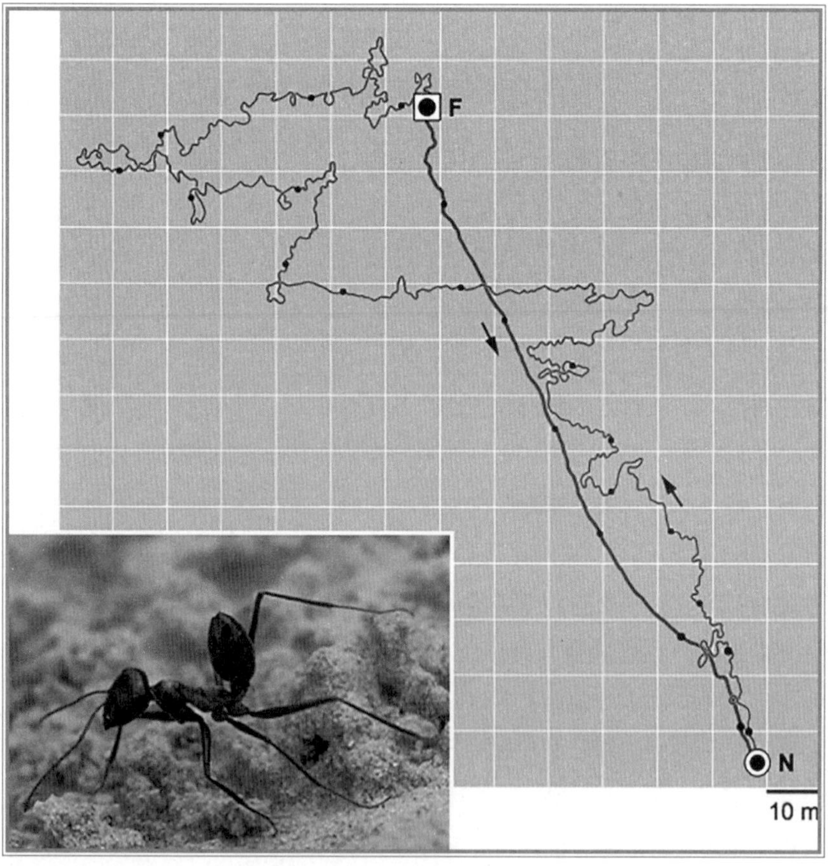

砂漠に生息するウマアリ属の *Cataglyphis fortis* の働きアリ。巣（地図N点）から出て，後肢を上に傾けながら，でこぼこ道を高速で走る。餌（地図F点）を見つけたあとは，一直線に巣に戻ることができる（リュディガー・ヴェーナー著『砂漠の探検家』より）。

こうした手法の中で私が最も高く評価しているのは，バート・ヘルドブラーが考案した林冠マッピングである。ケニアの熱帯雨林でアリを研究していたとき，彼は大型の捕食性アリであるハリアリ族の*Paltothyreus tarsatus*の働きアリが，食糧を探す際に見せる奇妙な行動に気がついた。日中，餌を求めて単独で林床をさまよいながら，ときどき立ち止まって，空や森の林冠を調べるかのように頭を上に向けていたのだ。アリは空か林冠，あるいは両方の中に何かを見つけて，移動の方向を決めていたのだろうか。ヘルドブラーは，これまでにフィールド調査や研究室で行わ

ゴウシュウオオアリ属の*Melophorus oblongiceps*の生息地である南オーストラリアのハート湖で撮影された写真。*M. oblongiceps*は，北アフリカの塩湖に生息する*Cataglyphis fortis*のオーストラリア版といえる（リュディガー・ヴェーナー著『砂漠の探検家』より。リュディガー・ヴェーナー撮影）。

チュニジアのマアール近郊で帰巣本能の研究が行われた際に，BBCの支援を受けたグリーン・アンブレラのクルーが，ウマアリ属（*Cataglyphis*）のナビゲーション技術を高台から撮影している様子（リュディガー・ヴェーナー著『砂漠の探検家』より。リュディガー・ヴェーナー撮影）

れたアリ研究の中で究極ともいえる答えにたどり着いた。まず，彼は地上から垂直に見た熱帯雨林の林冠の写真を撮った。次に，*P. tarsatus*のコロニーを捕獲し，ハーバード大学にある彼の研究室に運び込んだ。そして人工巣にアリを入れた。そこには，アリが餌を探すためのアリーナも用意されていた。アリーナの上には，上から十分に光が入る屋根を取りつけ，そこへケニアの森で撮影した林冠の写真を貼った。

*P. tarsatus*は，改造されたアリーナの中で餌を探し，人工巣に持ち帰ることになった。さて，彼らは巣へ帰る際に，写真を使っただろうか？使っているとすれば，アリたちが屋根を軸として歩いていることが，道順からわかるだろう，とヘルドブラーは考えた。同じやり方，同じ頻度で方向転換しているかどうかを見るのだ。彼は実験を行い，アリはその仮説通りに動いた。要するに，*P. tarsatus*は地図を学ぶことも，使うこともできたのである。

アリのコロニーが生き延びるには，正確に巣に帰る能力が不可欠だ。このテーマを扱う研究者たちが想像してきた以上の重要性が，そこにはあると思う。また，多くの種のアリがもつ帰巣の方法は，われわれが推測してきた以上に洗練されているのではないか。アリは天才であると思わされる点が二つある。ひとつ目は，彼らが複雑な地図の図形や匂いの微妙な差異を一度で理解すること。二つ目は，それを長い間，場合によっては一生覚えていることだ。

アリ学者たちは，これまでの研究で，アリが巣から離れて餌を探すとき，刻一刻と変化する匂いの風景を理解していることに注目してきた。リュディガー・ヴェーナーとその共同研究者たちは，*C. bicolor*がもつ視覚的思考の豊かさを立証してみせた。つまり，こうした類のアリやそのほかのアリたちが，跗節（足）の下の匂いを鋭く識別することも，論理的にはあり得るということだ。

　その証明を目標としていたバート・ヘルドブラーと私は，ハキリアリが巣の入口をわかりやすくするために土に放出するフェロモンを発見した。われわれは，アリのコロニー臭が働きアリの最後部である腹部の後端にある腺から放出されるという別の研究者の理論を検証した。そして，ひとつ以上のフェロモンを生産しているという証拠を発見したが，その物質は働きアリを巣の入口に引き寄せる誘引剤であり，コロニー臭の一部ではなかった。

15章

アリ学の冒険

博物学の醍醐味のひとつは，存在を知られていながらほとんど研究されていない種があるということだ。世界に15,000種以上いるアリの中には，解剖学的にユニークな特徴をもつ種も少なくない。古株の昆虫学者や学生など，多くの研究者にとって，こうした種は重要な疑問を投げかけてくる存在だ。アリはどうしてここまで繁栄したのか？　アリはどんなことをなし遂げるのか？　生息する生態系における彼らの役割とは何か？　私は文章を書くだけでなく，今でもフィールド調査の指揮を執っているし，ほかの研究者たちにもそうするように勧めている。われわれ研究者は，いつもこうした謎を解こうと努力しているものなのだ。

たとえば，世界に数多く生息するアリの中に，ホンウロコアリ属（*Daceton*）というアリがいる。この属の多くはごく小さなサイズなのだが，きわめて長い大顎をもち，獲物が口に入ったら大顎を瞬時に閉じるという特徴をもっている。動物を捕獲するトラバサミのような動きだ。彼らは温帯林や熱帯雨林の腐葉土層や土壌中に生息している。アラバマ大学の学生だった当時の私は，彼らの獲物の性質を知りたいと考えた。なぜ昔ながらの単純なアリの大顎ではなく，トラバサミのような大顎になったのか？　その答えはすぐにわかった。ホンウロコアリ属の主な獲物はトビムシだ。トビムシはわずかな動きを察知するだけで高くジャンプし，捕食者から逃れることができる。これを捕まえるために，トラバサミのような大顎になっているのだ。南アメリカの熱帯雨林には*Daceton armigerum*と呼ばれる比較的大きいサイズのホンウロコアリ属が生息しており，その解剖学的な特徴から，小型の近縁種とよく似ていると考えられている。ホンウロコアリ属が多く生息するスリナム共和国を初めて訪れたとき，私は研究のためにコロニーを探した。そして森の中でひとつのコロニーを見つけ，ホンウロコアリ属の中でもひときわ大きいこの種について，ある答えにたどり着いた。この種のコロニーは，枯れて腐った木の枝の空洞に巣をつくる。そして，この種の働きアリは，罠型顎ではない大顎と針で，さまざまな大型の昆虫を捕獲する。罠型顎をもつ種や世界中に生息する小型種は，のちに進化した種なのだ。ホンウロコアリ属そのものは，中生代のある時期から進化を続けている。

さまざまな探検調査を行う中で，成功も失敗も経験した。そのうち，最も満足度の高かった成功例は，ハリルリアリ亜科（*Aneuretinae*）のアリの生き残りを再発見したことだ。この特徴的な昆虫は，その独自性ゆえに「ハリルリアリ亜科」という分類学上の亜科を構成している。この種は，中生代の化石に閉じ込められた状態で強い存在感を示していたが，長い間絶滅したと考えられていた。そして19世紀後半，当時セイロンと呼ばれていたスリランカのペラデニア植物園で，ハリルリアリ属の*Aneuretus simoni*という名の現存する種が2匹採集された。

フィールド調査を行う若い生物学者にとって，このスリランカ産の*A. simoni*は絶好の研究対象となった。分類学上の亜科の種類が異なることから，この種が独自の博物学をもっているとわかったからだ。この種について発見できることは，すべて貴重だった。また，アリのコレクションの中でもきわめて希少性が高いことから，生物学的研究と保護を急ぐ必要があると感じた。

1955年，私はスリランカに飛び，ペラデニア植物園を徹底的に調査した。そのときは*A. simoni*は見つからず，近くの森林地帯でも同じ結果だった。だがそれから島の南部にあるラトゥナプラに向かい，そこでようやく*A. simoni*の活動中のコロニーを発見した。さらに，近くのギリマーレの熱帯雨林にも同種が密集しているのを見つけた。

そのほか，アリの博物学に関する謎解きの中には，キッカイアリ属（*Thaumatomyrmex*）のような成功例もあった。これはあらゆるアリ属の中で最も奇妙なものといえる。学名の意味は「驚異的なアリ」だ。この種の働きアリの中体節や後体節は中程度の大きさで，平均的なアリのサイズなのだが，頭部がまるでホラーショーに出てくる昆虫怪人のような見た目をしている。大顎の内側の基部から先端まで，長い歯が熊手状に並んでいるのだ。大顎を閉じると，左右の歯がかち合うようになってい

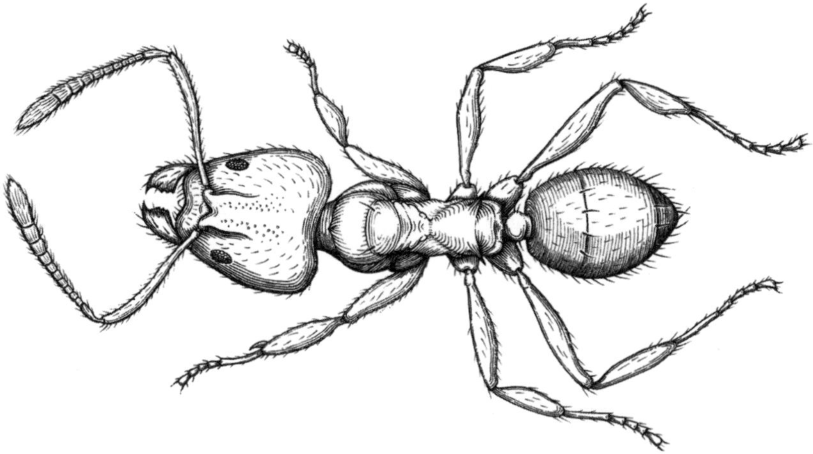

スリランカ・ギリマーレの熱帯雨林に生息する*Aneuretus simoni*の働きアリ（クリステン・オーア画）。*A. simoni*が属するハリルリアリ亜科は，中生代後期に繁栄した種であり，著者がスリランカで発見するまでは，すでに絶滅したとみなされていた。

る。また，大顎を頭の側面に沿って大きく開け，後頭部でその先端を交差させることもできる。

この奇妙な生き物は，恐ろしい装備を使って何を捕食しているのだろうか（これは科学的に重要な問いである。私個人の素朴な疑問ではない）。私は，それを突き止めることにした。一番いい方法は，獲物を運んで巣に戻ってくるキッカイアリ属の採餌場を見つけることだと考えた。しかし，希少な種であるキッカイアリ属の働きアリは，フィールド調査ではなかなかお目にかかれない。キューバとメキシコで1匹ずつ採集したが，どちらも獲物を運んではいなかった。

そこで私は全力でアリを探し，巣まで追いかけようと決めた。コスタリカのラ・セルバ自然保護区（熱帯研究機構のフィールドステーションがある）では，ほかの研究者たちも標本を採取していたため，私も謎を解くべく1週間そこで過ごすことにした。私はひとつの目標に集中し，さまざまな植生を切り開きながら，アリの通る道を歩いた。だが，ほかの種のアリは多数見つかったのに対し，キッカイアリ属は1匹も見つからなかった。失望とともに自宅へ戻った私は，「キッカイアリ属を見つけたらぜひ観察し，大きく開く熊手状の大顎の意義を見つけてほしい」とアメリカの熱帯地方で研究を続けている研究者仲間たちに訴える記事を『地下の記録』誌に書いた。

この記事が功を奏した。ブラジル人研究者のジョルジ・L・M・ジニスとカルロス・ロベルト・F・ブランダンが，獲物を運ぶ途中のキッカイアリ属を1匹見つけ，巣まで追跡したのだ。そして，のちにハーバード大学でポスドク仲間として私と合流することになるクリスチャン・ラベリングは，餌を運ぶ途中のキッカイアリ属の働きアリを発見し，その様子を撮影した。

どちらのケースでも，働きアリはフサヤスデを運んでいた。やっと謎が解けた。これはヤスデの中でも針をもつ種である。円筒形の柔らかい体に硬い針毛が密集しており，多くの捕食者を寄せつけないようになっている。だから，キッカイアリ属の餌を捕まえる働きアリには，針毛をものともせずフサヤスデを仕留めるために，熊手状の歯があるのだ。そして獲物がコロニーに運ばれてきたとき，アリはもうひとつの適応の形を見せてくれた。それは，われわれが思ってもみなかったものだった。彼らは前脚に毛状の跗節盤をもっており，フサヤスデの針毛をこすり落とすためにそれを使っていた。そうやって残った柔らかい体を食べていたのだ。

いまだ知られていない種で，今まで述べたものと同じくらい注意を払うべき重要な研究対象はあるだろうか？　その答えは「たくさんある」だ。私のお気に入りを三つ挙げよう。ひとつ目はヤマアリ亜科の*Santschiella kohli*だ。これはかなりの希少種で，中央アフリカのガボンとコンゴ民主共和国の熱帯雨林で数匹の働きアリが採集されただけにとどまっている。この種の働きアリは巨大な眼をもつ。顔における眼の割合は，アリの中でも最大級で，頭部背面のほぼ半分を占めている。ほかの既知のアリは，触角の接続部が眼の後ろにあるのだが，この種は触角の接続部が眼の前にある。それくらい眼が大きくなっているのだ。*S. kohli*は樹上性で，高木や低木の樹冠のどこかに住んでいると仮定するのが妥当なのだが，あくまで仮定の範疇であって，確実にそうとはいえない。二つ目は，メダマハネアリ属の*Gigantiops macrops*である。*S. kohli*と同じくらい大きな眼をもつ種で，南アメリカの熱帯雨林の在来種だ。地面で枯れた大枝の空洞に巣をつくる。

では，*S. kohli*の眼がひどく巨大化しているのはなぜなのか？　捕食者からうまく逃げるためか, 日中に獲物を探して追うためか。あるいは, まだ人間が発見していない視覚的なコミュニケーションを行っている可能性もある。また, 砂漠に生息するアリ種の多くがそうであるように, より優れた視覚で長距離を移動できるのかもしれない。

フィールド調査で観察すべき重要な研究対象の三つ目は, サスライアリ亜科の *Cheliomyrmex* である。これは新世界の熱帯地域に生息している比較的希少な種だ。この種は, 解剖学的に見ると, グンタイアリの仲間の中で最も原始的といえる。そして, 最も研究が進んでいない種でもある。コロニーをようやく見つけたとしても, 地下に住むという習性から, 森林の生息地での追跡がかなり困難になるためだ。だが, その努力が実を結べば, 科学的に価値の高い結果が得られるだろう。グンタイアリは総じて, その複雑なライフサイクルだけを特徴としているわけではない。彼らが生息する環境の中で, また昆虫やほかの節足動物を主に狙う強力な捕食者の中でも, とりわけユニークな個性をもっているのだ。

16章

世界で最も速いアリと遅いアリ

地球上に生息する数多くのアリ種は，（その活動に）それぞれ特徴的なテンポ（tempo）をもっている。各種の働きアリは，独自の速度で生活する。その速度をテンポと呼ぶのだ。餌を探し，巣をつくりながら，母である女王アリの世話を熱狂状態で行う種がいる。その一方で，女王アリにほとんど近づこうとしない種もいる。そうした種同士の性質の違いというのは，とても大きいものだ。それでも，どの種も仕事をしっかりこなす点は共通している。

速くても遅くても，あるいはその中間であっても，テンポはその種が生きているニッチに適応したものである。たとえば，ある種のアリがもつ速いテンポと，そのダーウィン進化学的な重要性を紐解きたいなら，こんな実験がお勧めだ。西インド諸島のビーチであればたいていどこでも行える。まず，都合のよい場所（私はヤシの木の根元でよく行う）に，甘いものか油っこいものを餌としてひとかけら置き，近くでのんびり待つ。一時間ほど経ったら,餌がどうなっているか確かめよう。おそらく，ビーチを好むオオズアリ属の*Pheidole jelskii*の働きアリが，餌に群がっていることだろう。動きの速い働きアリが餌にたどり着くと，少しの間それを食べてから，働きアリの姉妹たちの隊列に戻る。するとその隊列の何匹かが餌のもとへ向かう。餌をたっぷり食べた働きアリは，10m以上も離れた巣に走って戻る。そのときのアリたちは，この発見が世界を救えるとでもいわんばかりに大騒ぎしているように見えるだろう。

さて，それではビーチの別の場所に移動し，1匹で行動している同種の働きアリを探そう。それは偵察アリである可能性が高い。彼らが巣に持ち帰るには大きすぎる食べ物のかけらを見つけると，まずたいていは一直線に走り出す。その途上で道しるべフェロモンを放出し，巣の仲間を誘導する。そして仲間の多くは新たに発見された餌のもとへ走る。そのコロニーは，発見した戦利品を協力して持ち帰る。

P. jelskii はテンポが速い種だ。浜辺や農地，飛行機の滑走路など，比較的開けた環境に多く生息している。そういった生息地ではあちこちで発見されるくらい数が多い。つまり競争が激しいということだ。そういう場所ではスピードが重要視される。このように，テンポが速いことが生き延びるカギとなっている種もいる。

地球上で最も速いアリ，最もテンポの速いアリは，アゴヒゲアリ属（*Ocymyrmex*）（私はこれを「swift ant」と呼んでいる）の働きアリと，驚くほど働きアリに似た姿をもつ女王アリかもしれない。アゴヒゲアリ属に属する種は34種で，アフリカの東部と南部の広い地域に生息している。彼らは暑さが厳しく，かなり開放的な環境を好む。そしてその灼熱で死んだ昆虫やほかの節足動物の死体を餌としている。

アゴヒゲアリ属は競走馬のような体つきをしている。流線型の体を，太い基部（基節）で非常に長い脚を動かしている。大顎は細く，閉じると頭部にぴったりフィットする。体に螺旋状の非常に大きな穴（空気を交換するための穴）が開いている。

砂漠を高速で長距離移動するウマアリ属（*Cataglyphis*）がアリの世界の長距離ランナーだとしたら，短い距離をさらに高速で走るアゴヒゲアリ属は短距離ランナーといえよう。

私は2015年にモザンビークを訪れた際，この好熱性かつハイテンポなアリの種のコロニーを初めて間近で見ることができた。少人数のグループでゴロンゴーザ国立公園からザンベジ川のデルタ地帯までヘリコプターで移動し，沿岸の赤いマングローブ林でアリの研究と採集を行ったのだ。そしてゴロンゴーザに戻る途中，そのアリの生息地に降り立った。彼らの生息地は，高級家具を製造するときに使う希少木材の農地として整備されていた内陸の森林にあった。

真昼近くになり，灼熱の干潟に出ると，空気が熱く，ひどく息切れした。農地の中でも一番暑い場所だったようだ。そこでアゴヒゲアリ属の巣を発見した。その巣にはひとつの入口があり，地下の部屋やトンネルへとつながっているようだった。働きアリは入口から出入りしており，そのうち数匹は，どのくらいの距離かはわからないが，どこかへ走っていった。そして何匹かは，巣の内部を広げる作業をしていた。

私は，ハーバード大学のコレクションに寄託するために，このコロニーから数匹の標本を集めることにした。今日に至るまでの経験上，アゴヒゲアリ属は，私がこれまでに世界中で採集したどの種のアリよりも，捕まえるのが難しかった。第一に，巣の周りの地面が，私の指には熱したオーブンのように感じられ，細かい作業に集中できなかった。さらに，ジュージューと音を立てながら動くフライパン上の水滴のように，アリたちが素早く動き回っていて，目で追うのも一苦労だったのだ。

それでも私は，アゴヒゲアリ属を採集したいと強く主張した。左手には標本を入れるためのアルコールの小瓶，右手にはお気に入りのデュモン社製5型精密ピンセットを携え，働きアリを捕まえようとした。その中には，少なくとも数秒くらい，やや動きが遅くなる働きアリがいた。しかし，大群の中からアリを捕まえることに慣れている私でさえ，アゴヒゲアリ属に関しては，1匹も捕まえることができなかった。勢いよくやりすぎると，狙ったアリは手の届かないところまで瞬時に移動し，巣の入口に消えてしまう。そのため私はピンセットの先端の外側を湿らせて，走るアリの群れに向かってピンセットを振り回した。湿った部分に1~2匹くっつくだろうと考えたのだ。たいていのアリならそれでうまくいく。だが，アゴヒゲアリ属は違った。

このころになると，アリたちは平気そうだったが，私は暑さに耐えられなくなっていた。だが，どうしてもハーバードに標本を持ち帰りたかった私は，ヤケになって，数匹のアゴヒゲアリ属がまとまって同じ場所に来るのを待ってから，開いた手を叩きつけた。何も持って帰れないよりは，バラバラになったアリを集めて標本にしたほうがいいと思ったのだ。大成功とまではいえないが，この作戦はまずまず成功した。

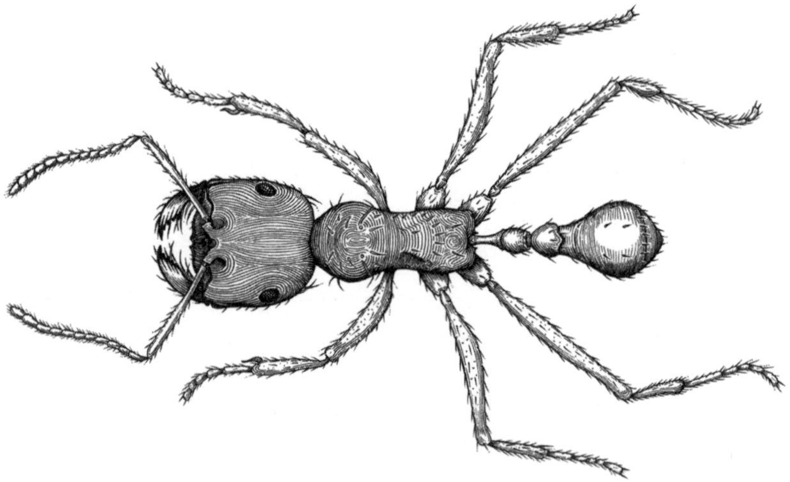

アゴヒゲアリ属の*Ocymyrmex nitidulus*の働きアリ（クリステン・オーア画）。同サイズの種の中では，最も速く走るとされる。モザンビークのザンベジ川付近にて採取

さて，アリの世界のあらゆる範囲のテンポを網羅するべく，アフリカを離れて中南米に向かおう。ここは世界で最も動きが遅く（テンポが遅いことも判明した），不潔なことで知られるカクレウロコアリ族（*basicerotini*）の故郷である。世界中の種の中でもとりわけ研究が進んでいない，それゆえ理解も進んでいないとされているアリだ。熱帯雨林で発見された彼らは「隠蔽種《いんぺいしゅ》」と呼ばれることも多い。これは生態学の用語である。隠遁《いんとん》生活をしている彼らは，捕食者からも，科学者からも見つかりにくいのだ。

1984年，私の親友であり，共同研究者でもあるバート・ヘルドブラーと私は，コスタリカを訪れ，ラ・セルバ自然保護区にある熱帯研究機構のフィールドステーションに向かった。捕まえにくいが，比較的見つけやすく，森に生息するアリ動物相に属する種であるカクレウロコアリ属の*Basiceros manni*の博物学を研究することが，今回のわれわれの目的のひとつだった。さらなる研究を行うために，このアリ種のコロニーをハーバード大学に持ち帰ることもできた。

カクレウロコアリ属（*Basiceros*）は，高速であわただしく動き回るアゴヒゲアリ属とは，ほぼすべての点で正反対の存在といえる。サイズは中型で，スピードではなくカモフラージュ能力に頼って生き延びている。彼らのくすんだ茶色は，彼らが住んでいる落ち葉や土の色とおおかた一致している。彼らは落ち着いた様子でゆっくりと歩く。落ちた枝や葉の向きによって姿が露出した場合，凍りついたように数分間静止することもある。*B. manni*の働きアリは見つけるのが難しいため，葉や土の中にコロニーを発掘したときは，卵や幼虫の白色に頼って巣を探すしかない。

ほかのアリとは違い，カクレウロコアリ属の働きアリは，獲物を待ち伏せて捕食する。獲物を走って追うことはない。そっと近づいて仕留めるか，仕留めるのに十分な距離まで来るのを待ってから，獲物に近づき，針を刺し，捕まえる。慎重な狩りの達人なのだ。彼らのテンポは，アリ種が生き延びるにはこれ以上は無理だと感じるほど遅いだろう。

ヘルドブラーと私は，外皮が泥に似ていると思ったが，そうではないとすぐに気がついた。泥そのものが外皮についていたのだ。カクレウロコアリ属の体は渦巻き状かつ羽毛のような形の毛で覆われており，埃や細かいデトリタスを効率的に集められるようになっていた。つまり歩くゴミ箱のようになっていたのである。

この独自のカムフラージュ技術は，ハーバード大学に奇妙な光景をもたらした。生きたコロニーを携えて大学に戻ったわれわれは，このカクレウロコアリ属を焼き石膏でつくった巣に住まわせ，翅のないミバエを餌として与えた。すると数週間以内に，アリは土と腐葉土の衣服を脱ぎ捨て，焼き石膏の細かい粒子をまとうようになった。われわれは知らず知らずのうちに，世界初の真っ白なカクレウロコアリ属をつくり出していたのである。

ある意味で，アリたちはわれわれを打ち負かしたといえる。本能的な行動とゆっくりとしたテンポに忠実に生きる彼らは，研究室でも再び人の目で見つけられない状態になったのだから。

17章

社会的寄生者はコロニーの策略家

1億5000万年の進化の中で，捕食者や寄生者は，アリのコロニーを搾取し続けてきた。その際に使われる，コロニーを侵略する方法やアリを騙す手法は，無限にあるように見える。節足動物の生物学の範囲内で想像できるほとんどすべてのやり方で，あわれなアリのコロニーやそれに類するものは搾取されてきたのだ。

コロニーは，協力し合うアリたちの群れや，彼らがつくる巣，そして彼らが集める食糧などによって形成される，小さく脆《もろ》い生態系である。それはときとして，寄生者のためにつくられているように見えることもある。寄生者の成功原理はシンプルだ。策略家になり，比較的単純な構造のコロニーに入り込む。そして自分たちに都合のいいようにコロニーをつくり変える。アリは簡単に騙される。どうあってもアリは，つけ込まれやすい本能で生きている昆虫でしかないのだ。

寄生者の本能的な策略にはこんなものもある。ヨーロッパに生息するケアリ属の*Lasius fuliginosus*から食べものを盗む，ケシキスイ科の小さな甲虫*Anphotis marginata*の例だ。アリは外に出て採餌するとき，餌を口から吐いて別のアリに与え，どのアリも食べられるようにすることが多い。その際，餌のやりとりをスムーズに行うため，肢で相手の上唇を叩く（人間には上唇があるが，それに相当する器官がアリにもある）。シグナルを受信したアリは，それに応えて液状の餌を吐き出し，姉妹アリに与える。バート・ヘルドブラーが，研究室で人間の髪の毛を使ってアリの上唇を叩く実験をしたが，そのときもアリは同じ反応を返した。おそらく，そのくらいの軽いタッチで十分なのだろう。

*A. marginata*は，*L. fuliginosus*の隊列のそばにいて，アリの上唇を叩き，食べ物をもらう。この刺激を受けた働きアリはたいてい騙されて，液状の餌を吐き出し，甲虫がそれを飲んでいる間，大顎を開けたままじっとしている。

アリを騙すのは簡単だが，それは危険な行為でもある。アリはあらゆる昆虫の中でもとりわけ警戒心が強く，攻撃的な性質をもっているからだ。ただし，寄生者が宿主アリのコロニーに対して中立的，あるいは魅力的な体臭をもっているなら，安全性は増すだろう。その場合，アリは寄生者を無視するか，もしくは助けが必要な姉妹アリにするのと同じように，巣まで運んでしまう。

巣に入り，アリの仲間の振りをした侵略者たちは，自分たちが生き延びて繁殖できるように，アリの本能を破壊する。種によっても異なるが，彼らはさまざまな形で宿主から餌をもらったり，食糧探しを担当するアリと一緒に移動して餌を見つけたりする。宿主に液状の餌をせがむ種もいるし，アリの体表面から出る栄養価の高い油成分の分泌物を舐める種もいる。あるいは，巣の内部で死んだアリの死体を食べる種もいる。また究極的には，コロニー内の未熟な状態のアリを食べるという，節足動物の中でもとりわけぞっとする種もいる。

最高クラスの適応を見せる寄生者は，人間の策略家の基準に照らしてみても，驚くほどの巧妙さと精度で寄生を行う。その中でもとくに極端な例のいくつかは，グンタイアリの蟻客類の間で見られる。グンタイアリの巨大なコロニーでは，貪欲な肉食動物，多層からなるビバーク，山のように積み上げられたゴミ捨て場などが発見できる。ニューヨークやそのほかの大都市に匹敵する光景だ。コネチカット大学で教鞭を執っていたカール・レッテンマイヤーは，セオドア・シュネラと共同でグンタイアリのライフサイクルに関する先駆的な研究を行い，この昆虫世界の都市学に関する詳細な調査を初めて実施した人物である。

レッテンマイヤーが発見したのは，先ほど述べたような，アリとの生活のために生み出された巧妙な適応手段の数々であった。その中には，奇妙ともいえるほど極端なものもある。シミ目のセイヨウシミは，私が学者として歩み始めたころに研究していた甲虫リムロディド・ビートルと同じく，アリの体に乗り，体表面の油成分の分泌物を食べる。あるいは成虫アリの上に乗るが，体を舐めるのではなく，ときどき飛び降りてアリの幼虫を食べる小さな甲虫アリヅカエンマムシ（*Euxenister*）もいる。

さらに奇妙なのは，進化の特殊化の外縁にあるマダニの小さな近縁種であるダニの生活様式である。兵隊アリの大顎の尖った歯の内側の表面に付着しているダニについては，前述した通りだ。また，財布のような体形を利用して，兵隊アリの触覚の根元にしがみつくものもいる。極めつきは，その発見者にちなんだ名をもつ *Macrocheles rettenmeyeri* というダニである。このダニは，アリの後肢の端にしがみついて血を吸うことで，肢の機能を部分的に奪い，その一部になり代わるのだ。*Eciton dulcium* というグンタイアリの一種は，こうした義肢で生きている。

そして，アリを利用するための解剖学的発明の域を超えて，アリの体を支配するために，アリの行動，とくに社会的行動を変えさせるすさまじい技術もある。アイデアという言葉を使ってよければ，そのアイデアで，アリではなく寄生者がよりうまく生き延びて繁殖できるように，宿主アリの本能的な行動をねじまげるのだ。ノムシタケ属のキノコや蠕虫類《ぜんちゅうるい》（寄生者や線虫），そのほか，アリに社会寄生しているものたちは，アリを犠牲にするこのやり方を使ってきた。

きわめてよく起こる変質の形は，上へと這いあがる現象で，これを表すのに「登頂する」という言葉も使われる。この場合，寄生生物が子座（菌糸塊）を宿主の体表面に生えさせる。するとより長い距離を移動でき，より多くの宿主に寄生できるというわけだ。この例として，ノムシタケ属に寄生されるヤマアリ属（*Formica*）が挙げられるが，そのプロセスは悪夢のような恐ろしいものだ。カリッサ・デ・ベッカーとその共同研究者たちが，社会性昆虫を操るこの現象について論文を書いているので，以下に引用しよう。

> アリに寄生するノムシタケ属は時間を正確に計りつつ，宿主アリを巣の外に出させる。そして植物に登らせ，死ぬまでそこにしがみついた状態にさせるのだ。時間帯が正確に決まっているようで，午後遅い時間か夕方にだけ行われる。（中略）フィールド調査で行った詳細な観察では，ノムシタケ属に感染したヤマアリ属の*Formica pratensis*と*Formica rufa*がどれだけぎこちない動きをするのかについて，より詳しく記述している。寄生されたアリは，上へ這い上がる間，頂上へたどり着くまで大顎を連続的に開閉し続ける。また，操られているアリは植物にしがみついて上下に移動し続け，決して地上に戻ろうとはしない。ノムシタケ属は仮根を成長させて，アリを培養基質に付着させる。その後，アリの胸部や腹部の体節間から，感染性の胞子をもつ菌糸体が出現する。

さらなる研究により，このノムシタケ属は，アリの脳の構造を変えないことも明らかになった。その代わり，すでに存在する脳のプログラムを活性化して変質させる物質を分泌し，ほかの正常な反応をブロックしているようだ。

18章

アフリカの戦うアリ，マタベレアリ

東アフリカのサバンナと乾燥落葉樹林帯を支配している動物は，ゾウやライオン，チンパンジーなどといった大型哺乳類ではない。塚状の巣をつくるシロアリだ。シロアリの各コロニーは，巣の母となる女王アリ1匹とその配偶者であるオスアリによってつくられる。完全に成熟したコロニーでは，塚状の巣ひとつにつき，最大200万匹の子孫が生まれることもある。その驚異的な数は，親指大の女王アリの驚くべき繁殖力による。研究室のコロニーでも，1日で86,400個の卵を産んだという記録がある。

平均して10年ほど生きるシロアリの女王アリは，塚状の巣の中で厳重に守られ，十分な量の餌を与えられているため，生涯で1億匹の子孫を産むことができる。

コロニーの餌は共生菌だ。巣の部屋（菌室）に，菌園という家庭菜園のようなスポンジ状の塊があり，そこで共生菌が育てられる。巣の内部の空気は，巣の至るところに設けられたトンネルを通じて，常に換気されている。シロアリの体から放出される熱によって，古い空気が追い出される仕組みになっているのだ。また，菌園の基礎は，枯れた植物を巣の周りから集め，それを噛み砕いたもので築いている。

シロアリのコロニーが成長すると（人間でいうと村が都市になるようなものだ），巣自体も，冷蔵庫くらいの大きさから，バスくらいの大きさ(高さ3m，幅10m)にまで成長する。最大サイズの巣の多くには，低木や高木さえも含む，さまざまな植物が伸びている。シロアリ塚の上には，鳥類が雛を育てたり，巣をつくったりするために乗ることもあるし，小型の哺乳類が周囲を見渡すために登ることもある。

静かな夜に外へ出て，塚状の巣の隣に座ると，巣から出てきた何千匹もの働きアリが立てる，シュッシュッという柔らかな連続音が聞こえてくる。共生菌に餌をやるために，枯れた植物を探している大人のオスシロアリの足音だ。

巣の内部に大量の菌糸があるシロアリのコロニーは，捕食者たちの格好の標的となる。そのため，シロアリの巣は長い年月をかけて進化を遂げ，何層もの防御層が形成されるようになった。巣の表面は，シロアリによって化学的な処理を施された頑丈な土で覆われている。これが破られて侵入されてしまった場合，コロニーは三つの緊急対応策をとる。まず，危険を察した働きアリは，急いで巣の奥深くに入り込み，敵の視界に入らないようにする。次に，兵隊アリが急いで外へ出て，破られた穴を守ろうとする。兵隊アリの体は戦闘向きにつくられていて，頭はヘルメットのように硬く，先が針状になった長い大顎が前方に突き出ており，口器を力強く閉じることができる。

センザンコウや科学研究者たちに巣を壊された場合などの緊急時に備えて，コロニーはしっかりと組織化されているのだ。危険が去ると，兵隊アリたちも引き上げる。続いて大勢の働きアリが現れ，巣を修復し始める。これが第三の緊急対応だ。

地表近くに密集している小さな巣の側面を手斧やシャベルで掘ると，菌室にたどり着くまで掘り続けた場合はとくにそうなるのだが，最初に青白い働きアリの群れを目にすることになる。彼らは瞬く間に，巣の内部のへこんだ暗い部分に消える。それから1～2時間後には，働きアリの大群が戻ってきて，湿らせた粉くずを丸めたもので巣穴を補修し始めるだろう。このときには，兵隊アリの多くはすでに退散している。次の日にまた巣を訪れれば，壊れた部分は完全に修復されているはずだ。

博物学を科学的な視点で考察すると，本質的な法則が見つかる。そのひとつが適応だ。進化を続ける獲物が豊富にあると，その獲物を利用するために，捕食者も十分な時間をかけて適応する（この法則には寄生者も含まれている。寄生者は獲物を1匹未満の単位で食べる捕食者と定義されるかもしれない）。塚状の巣をつくるシロアリの捕食者で，それに特化して適応した種がいる。*Megaponera analis*という学名をもつマタベレアリだ（4ページのイラスト参照）。私も，モザンビークのゴロンゴーザ国立公園でこれを調査したことがある。アリとしては異例の大きさで，重厚なキチン質の鎧を身にまとい，集団で高速移動する。彼らはシロアリを餌にするようプログラムされているようだ。ジンバブエ西部では，この獰猛なアリは「長い盾をもつ男」と呼ばれているが，彼らの性質をうまく表していると思う。

マタベレアリは恐ろしい針をもっている。これは私が今までに出会ったアリの中でも最悪のもので，捕食しようとする鳥類や哺乳類に，一生忘れられないメッセージを植えつける。ゴロンゴーザでマタベレアリの働きアリを捕まえたとき（その直後，これを最後の1匹にしようと誓った），よく観察しようとしたのだが，そのアリは，まず堂々たる大顎で私を噛み，次に腹部（腹節の後ろにある部分）を前にねじると，長い針を私の人差し指に突き刺した。痛みの尺度でいえば，スズメバチに近い。それも2～3匹のスズメバチに刺されたときのような，激しい痛みだった。私はそのアリに対して何もすることができず，そのまま落としてしまった。長い昆虫学のキャリアを通じて，私がたった1匹のアリに負かされるようなことは，ほとんどなかった。その数少ないうちの1匹が，マタベレアリであった。

マタベレアリの針は，アリの中でも最悪の部類に入るのだろうか？それに匹敵する最大のライバルは，中南米の雨林に生息する巨大なサシハリアリ（*Paraponera clavata*）だろう。名前がその強さを表している。この種は，一部の地域では，スペイン語で「ドス・セマナス（2週間）」という異名をもつ。「刺されてから回復するのに2週間かかる」からだ。南アメリカに住む先住民族のうち，少なくともひとつの部族では，男らしさを証明するための儀式にこのサシハリアリを使う。偉大なアリ学者であるウィリアム・M・ホイーラーは，パナマのバロ・コロラド島で1匹のサシハリアリに刺されたあと，気絶したと噂されている。幸いなことに，この種のコロニーは小さいうえ，働きアリが攻撃的なわけでも，動きが速いというわけでもない。

シロアリの巣を襲撃するマタベレアリの姿は，アフリカで見られる最もドラマチックな野生の光景のひとつである。観光でアフリカを訪れたなら，宿泊施設を抜け出してでも，シロアリを採集するために隊列を組んで移動するマタベレアリを見たほうがいい。戦いが終われば，熱帯生物学の中で最も驚くべき現象のひとつを目撃できるはずだ。襲撃者の目的は，シロアリが栽培した菌園を盗むことではなく，シロアリの体そのもの，とくに戦いで死んだシロアリの死体なのである。

マタベレアリにとって戦いは，夕食のための狩り程度の意味しかもたない。

マタベレアリの襲撃は，1匹の偵察アリが自分の巣から歩いて行ける距離にあるシロアリの塚を見つけ，それを入念に調べることから始まる。

偵察アリは，シロアリに接近するため，巣の入口やそれらしきもの，あるいは巣にできた裂け目などを探す。それが見つかると，一直線に自分の巣に戻りながら，道しるべフェロモンを放出して道に臭跡をつける。この物質は強力なフェロモンで，捕食を行う強い働きアリの大隊を呼び寄せる。彼らは複数匹の幅の隊列を組み，シロアリ塚の裂け目まで走るのだ。

このマタベレアリの襲撃集団は，ズールー族（アフリカに住む戦闘民族）の武装集団に似ている。たいていのアリは，無駄な動きをしたり，周辺を走り回ったり，場合によっては巣に引き返したりすることもあるのだが，マタベレアリにはそういった行動は一切見られない。のるかそるかのどちらかということだ。彼らには，団結力が必要不可欠なのである。なにしろ，シロアリの巣への侵入時，自分たちと同じくらい獰猛な敵の大群と対峙することになるからだ。マタベレアリの大群はそこで動じることなく，シロアリを圧倒する。彼らはシロアリの兵隊アリを殺し，死体を集め，隊列を組んで巣に戻る。途中で数匹の働きアリに出会うことがあれば，それも殺して死体を運ぶ。マタベレアリは，大顎を使うことで，働きアリ1匹につき，シロアリ10匹の死体を抱えることができる。

私の知る限りでは，戦いに勝利したあとでも，マタベレアリがシロアリ塚を占領することはない。彼らにとっては襲撃がすべてなのだ。

19章

アリの世界の戦争と奴隷制

ヘンリー・デイヴィッド・ソローは，1854年に出版された代表作『ウォールデン 森の生活』の中で，こんな描写をしている。どうやら，2種のアリが戦争をしていると思ったらしい。

> ある日，自分の薪の山，もっと厳密にいうと切株の山なのだが，そこに行ったとき，2匹の大きなアリが激しく戦っているのを見た。一方は赤いアリ，もう一方はそれより大きく，1.3cm近くある黒いアリであった。そのアリたちは，一度つかみ合いになると決して離れようとはせず，木の上で絶えまなく揉み合い，取っ組み合い，転げまわった。さらに見渡してみて，驚いた。木の上はそんな風に戦うアリたちでいっぱいだったからだ。それは「決闘」ではなく，まさに「戦争」といった様相だった。アリ2種間の戦争だったのだ。赤いアリはいつも黒いアリに勝負を挑んでいたし，赤いアリが2匹がかりで1匹の黒いアリに戦いを仕掛けていることもたびたびあった。

ソローが思案をめぐらせながら観察していた争いは，果たして戦争だったのか，それともほかの何かだったのだろうか？　北アメリカのアリを何十年にもわたって観察してきた私の経験からいうと，こうした明らかに異なる2種間での戦いは，奴隷狩りであることが多い。ソローが見た赤いアリが奴隷使役アリで，おそらくサムライアリ属の*Polyergus lucidus*か，ヤマアリ属の*Formica subintegra*だろう。そして，もう片方の黒い種は，広い地域に生息しているヤマアリ属の*Formica subsericea*である可能性が高い。

こうしたアリの奴隷狩りと抵抗は，一見すさまじい戦争のように見える。だが多くの場合，人類の奴隷制とは似て非なるものだ。どちらかというと，野生動物を捕獲して家畜化する行為に近いだろう。

奴隷使役を行う種の働きアリは，自分と似た種のコロニーを襲撃するように，本能にプログラムされている。彼らには明確なターゲットがある。それは，襲撃するコロニーの蛹だ。捕虜となった蛹は，成虫同士の激しい戦いのあと，無傷で襲撃者の巣に運ばれることが多い。そして，数日または数週間後に蛹の殻から羽化し，完全変態を遂げて成虫アリとなる。われわれが知る限り，このどこにでも生息しているアリ種は，奴隷にされる性質をもっている。新たに羽化した成虫アリは，羽化した場所のコロニー臭を身にまとう。その結果，奴隷アリは自分たちを襲った奴隷使役種の働きアリを姉妹とみなし，襲った側も奴隷アリを受け入れる。どんな手段であれ，忠実に働く成虫アリが，働きアリの仲間に加わってくれれば，同種のほかのコロニーと競争する際にも，だいぶ有利になるのだから。

普通のアリがコロニー臭を獲得する方法については，20世紀初頭，草分け的な行動生物学者であったアデル・M・フィールドが解明した。これにより，メンバーの大きさや解剖学的な特徴が極端に異なるコロニーをつくることも可能になった。たとえば，大きくてトゲだらけの種と，小さくてトゲのない滑らかな体つきの種を組み合わせることもできるのだ。

北アメリカやヨーロッパ，アジアの北温帯では，アリの奴隷制が一般的に見られる。とくに，ヤマアリ亜科では顕著である。奴隷狩りを行うグループのひとつであるサムライアリ属（*Polyergus*）は，鮮やかな赤褐色をしていることが多く，行動も解剖学的な特徴も奴隷狩りをうまく行えるように進化している。彼らは，黒色のヤマアリ属（*Formica*）に対して定期的に行う襲撃の間，鎌状の大顎をすばやく，かつ荒々しく振り回すのである。

ニューイングランドの豊かなアリ相の中には，奴隷狩りをする種とされる種の組み合わせがいくつかある。ソローはこのうちのどれかを見て戦争だと思い込んだのだろうが，それが絶対に思い込みだとは言い切れない。ソローが一方の種をもう一方よりもはるかに大きいと表現しているからだ。ソローはそのとき，もてる力のすべてを観察に注いでおり，アリの標本を収集しようとはしなかった。それがあれば未来の昆虫学者が研究し，識別できたろうに。私はこの不手際を残念に思う。なにしろ，ソローの友人の輪には，ラルフ・ウォルドー・エマソンに加えて，ルイ・アガシーもいたのだ。ソローがアリの「戦争」を目撃したのとほぼ同時期に，ルイ・アガシーはハーバード大学の比較動物学博物館の建設と，標本収集に邁進していたのだ（しかもアガシーが収集し始めたアリの標本コレクションは，現在では世界最大級といえる規模になっている）。

その一方で，私やほかの研究者たちは，フィールド調査で観察したアリ間での奴隷制について記録し続けてきた。そして，そこには寄生や戦争に似た行動など，驚くべき多様性があることも判明した。私がハーバードの大学院生だったころ，ヨセミテ国立公園で，ヤマアリ属の*Formica wheeleri*のコロニーを発見したことがある。奴隷使役アリである*F.*

*wheeleri*は，そのとき２種の奴隷を従えていたのだが，奴隷２種のうち１種は襲撃に加わっていた。襲撃者とともに走っていたのはヤマアリ属の働きアリで，襲撃者の忠実な家来として働いていた。さらに，私が巣を掘ってみると，ヤマアリ属の種が襲撃者の卵や幼虫，蛹と身を寄せ合っていて，乳母として働いているのがわかった。

それから30年以上経ったころ，アメリカの国立公園局の管理者たちに向けて演説をする機会があった。このとき私は，かつてヨセミテでアリの巣を掘ってしまったことを「告白」し，今では罪だと認識しているため許してほしいといった。この出来事から数年後，二度目の講演で私を紹介する際，国立公園局の局長はそのことを許すといい，ヨセミテ国立公園で同じ襲撃種の働きアリをもう１匹採取してほしいと，きれいに装飾された許可証をくれた。

奴隷使役は，それを取り入れた種にとって，進化の行き詰まりなのだろうか。決してそうではないのだろうが，そのアリがより退化する可能性もある。顕著な例は，ヨーロッパとアジア全域に生息している，社会寄生を行うイバリアリ属（*Strongylognathus*）だ。イバリアリ属の多くの種は，スタンダードな奴隷狩りを行う。鎌状の大顎を使って被害者を服従させるのだ。イバリアリ属の*Strongylognathus testaceus*の働きアリには，戦士としての精神はもはやない。戦う代わりに，交尾を終えたばかりの女王アリは宿主のコロニーに移動し，そのコロニーの女王の近くに座るのだ。そうすると，宿主の働きアリたちは，自分の母親にするのと同じようにこの寄生女王アリの世話をする。寄生女王アリから生まれた娘たちは，宿主に対して友好的な態度を示すが，コロニーのために働こうとはしない。

奴隷使役の世界へもう一歩踏み込む気持ちがあるなら，アメリカに生息する奴隷使役アリであるヤマアリ属の*Formica subintegra*を観察するといい。彼らはプロパガンダの専門家なのだ。デュフォー腺は，巣の仲間に危険を知らせるフェロモンを分泌する器官であるが，*F. subintegra*の場合，この腺が巨大で，腹部（体の最後部）の体積の1/3を占めている。働きアリは，奴隷狩りの際，攻撃対象の巣に住むアリたちに向けて，分泌物を噴霧する。そのすさまじい威力によって，襲撃されたコロニーはパニック状態に陥るため，襲撃したアリたちは容易に巣の部屋に侵入して，将来の奴隷となる蛹を運ぶことができるのである。

20章

ウォーキングデッド

死骸というものは，おしなべて生態系の一部である。空から落ちた鳥や陸に打ち上げられた魚，座礁したクジラ，腐った丸太，摘まれた花などは，巨大な分子の集合体，すなわち既知の宇宙にあるシステムの中で最も複雑な体系から，きわめて小さな有機化合物の集合体や漂積物へと変化する運命にある。清掃動物が腐敗のプロセスを進めることもある。清掃動物とは腐肉を食べる動物で，大きなものではハゲワシやクロバエ，小さなものだと菌類やバクテリアなどがこれに当たる。

では，アリは仲間の死骸をどうするだろうか？　コロニーの一員が作業中に大ケガをした場合，アリ種の多くは，それを巣に運んで食べる。ただし，小さなケガであれば見逃され，そのまま回復することもある。巣の外で戦って死んだ場合は，たいてい戻ってこない。また，捕食者の餌食となることもある。

巣の中で老衰や病気によって死んだアリは，立ったまま動かなくなるか，肢を曲げた状態で横に倒れる。ほとんどの場合，彼女はそのまま放っておかれる。そして遅くとも数日後には，巣の仲間が彼女をかついで巣の外に運び出すか，巣の中にあるゴミ山に捨てる。この墓地には，獲物の食べられない部分などの雑多なゴミも捨てられている。葬式は行われない。

私がアリの化学物質を用いたコミュニケーションについて研究してい

たころ, 研究の初期段階で, 仲間が死んでいるかどうかは, 腐敗臭によって識別しているらしいことがわかった。死んだ昆虫に特異的に存在するすべての物質のうち，ひとつかそれ以上が，アリに死体処理をさせるシグナルになっていることが判明したのだ。そのほかの本能的な社会的行動をコロニーへの貢献として行う際，生きているアリは，明らかにそうした微粒子を使っている。ならば，死んだときも同じではないのか。

幸いなことに，当時の私はある論文を見つけていた。複雑で難解だったが，要は死んだゴキブリから放出される物質を特定したという内容のものだ。その研究論文を参考にして，どのような化学物質がアリに働きかけ，死骸を運ぶように仕向けているのかを見つけることにした。

その第一段階として，腐敗が進むアリから抽出物をつくった。次に，働きアリの大きさにしたカナダバルサムの樹脂をアリ死骸の「ダミー」として，この抽出物を振りかけた。これを研究室にあるシュウカクアリのコロニーの巣に落とすと，どのダミーもあっという間にかつがれて，ゴミの山に運ばれていった。これがバイオアッセイ(生物検定。生物学的実験では欠かせない段階のひとつ)となった。それと同時に，私は腐敗するゴキブリから純粋な化学物質の標本を抽出した。その研究をしていた当時の研究室は，死体安置所と下水道の臭いが混じったような悪臭が, 常にうっすらとしていた(なにしろ, 哺乳類の糞に含まれるインドールとスカトールという二つのテルペン系化合物がそこに含まれていたのだ)。さて，実験の結果はというと，そこで使われた物質の多くがアリに興奮や攻撃的な徘徊を引き起こしたが，死骸を運ぶ行動にすぐさま駆り立てることはなかった。臭い物質をつけられたダミーは攻撃されたり，単に無視されたりした。一方，とくにインドールやスカトールをつけられたダミーは，仲間にかつぎ上げられ，そのまま墓地へと運ばれていった。

生物学者にとって，実験の成功ほど嬉しいことはない。この実験は，少なくともシュウカクアリ属の*Pogonomyrmex badius*においては成功した。私は，これを見るために研究室を訪れた人に，飽きるまで同じ実験を繰り返し見せてやった。すると，私の中に新しい疑問が生まれた。まだ生きている健康な働きアリに，この死臭成分を塗ったらどうなるだろう？

その実験の結果は満足のいくものだった。働きアリたちは，それを塗られたアリを見つけると拾い上げ，まだ生きているそのアリを蹴りながら運び，墓地に落として去っていったのだ。葬儀屋の振舞いは比較的落ち着いたもので，フランクな雰囲気にさえ見えた。死者を死者のところへ運ぶのは当然の行いなのだろう。

物質を塗られたアリたちはといえば，われわれがゾンビ扱いされたらこうするだろうという行動をとった。風呂に入ったのだ。望まぬ物質を塗られたアリが，この解決策をとるのは当然だろう。彼らは触角の上の部分であるしなやかなべん節を，櫛状の突起をもつ前肢で引っ張った。そしてパッド状の舌で，体と脚をできるだけ何度も舐めた。さらに，体の最後部である腹部をできるだけ前に倒して，拭いたり洗ったりした。これは，アリの入浴法としては典型的なやり方である。

それから，彼らは巣の居住区に歩いて戻った。体についた死臭物質が十分に除去されていれば，巣に戻ることが許される。そうでなければ，また巣の仲間によって墓地に引き戻されるのだ。その場合，彼らはまた自分の体を洗う。洗う作業を仲間が手伝うこともあるだろう。彼らは待つ。やがて死臭物質を完全に消すか，もしくは十分に除去できれば，満を持して生者の世界に復帰できるというわけだ。

21章

アフリカの小さな牧場経営者

世界で最も奇妙な体型のアリは，ハチヅメアリ属（*Melissotarsus*）に分類された5種かもしれない。これらの種は，熱帯アフリカの一部，マダガスカル島，コモロ諸島などに広く生息している。アリとしては驚くほどずんぐりした体型で，頑丈につくられた胸部には細かい縦溝が刻まれているが，アリにあるはずの縫合線は見当たらない。さらに，肢と体をつなぐ大きな基節，標準より大きい頭部，短い7節の触角（ほとんどの種類のアリの触角は10～12節だ）などの特徴があり，ハチヅメアリ属の女王アリや働きアリは，一目でそれと判別できる。

私は生きた状態のハチヅメアリ属をまだ見たことがない。だが，次にモザンビークのゴロンゴーザ国立公園を訪れるときには，この無念を晴らすつもりだ。その際には，ピオトル・ナスクレキ氏に同行してもらう予定になっている。彼は，ゴロンゴーザ国立公園内にある研究所の一員でもある生物学者だ。この分野で彼が残した功績や知の記録はすさまじく，私の知る中でも最高の生物学者の一人だといえる。そんな彼が，ハチヅメアリ属のコロニーを見せると約束してくれたのだ。

それを見つける作業が複雑かつ困難であることは，二人とも承知のうえだ。ハチヅメアリ属は，健康な木の内部や，生きた樹皮の下にのみ生息している。そして，木に穴を開けて地下道や地下室をつくり，そこを巣とする。

知られている限りでは，ハチヅメアリ属の働きアリは，決して拠点を離れることはない。その代わり，自分たちが掘ったトンネルを効率的に移動できるよう，特殊な適応を遂げている。彼らは移動するとき，前肢と後肢で歩きながら，中肢を上げて天井に触れるようにする。つまり，シミー（1920年代に流行したジャズダンス。肩を前後に動かすのが特徴）を踊るように体を揺らしながら，巣の内部を移動するのだ。そのため，巣の外の開けた平らな場所へ放り出されると，天井に肢をつけられないため，歩けなくなるといわれている。その様子をぜひ見てみたいものだ。

ハチヅメアリ属のコロニーは，主に生きた木に穴を開けて巣をつくる。巣に関してはそれでいいとして，では彼らの主食は何だろうか？　その答えは，彼らの特徴の中で最も奇妙といえるものだ。彼らは「牛」を飼っ

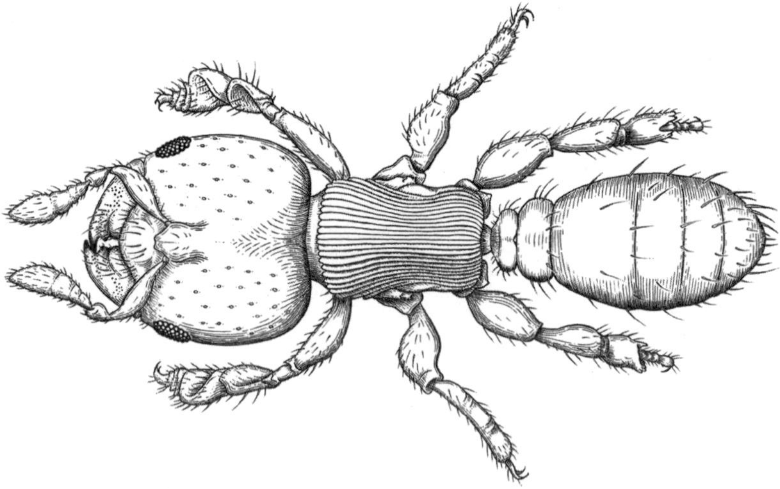

熱帯アフリカに生息するハチヅメアリ属の*Melissotarsus beccarii*の働きアリ（クリステン・オーア画）。「牛飼いアリ」とも呼ばれる。

ているのである。

ハチヅメアリ属の巣には，アリに保護され，世話されているマルカイガラムシが住んでいる。この類の共生はアリでは一般的で，広く行われている。カイガラムシ上科の昆虫――コナカイガラムシ，アブラムシ，およびほかの同翅類《どうしるい》の昆虫は，糖とアミノ酸が豊富な液体排泄物（甘露）をアリに与えてくれる。通常，最も簡単な交換だと，働きアリが巣から出て，植物を食べている同翅類の昆虫のところへ来て排泄物をもらう。これがさらに進化した関係性になると，同翅類の昆虫はアリの巣に居候し，植物の根やほかの部分を食べる。蟻客《ぎきゃく》である彼らは，宿主であるアリに液状の餌を与えている。狩猟をする働きアリが狩りに失敗し，コロニー全体にタンパク質が不足した場合は，同翅類の昆虫を殺して食べることもある。

なお，ハチヅメアリ属のコロニーに住むマルカイガラムシの排泄物には，栄養成分が含まれていない。彼らは，宿主であるアリに慎重に見定められたうえで殺され，食べられる。こうして直接タンパク質を提供しているのだ。ハチヅメアリ属は，農業ではなく，牛飼いを営んでいるのである。

22章

罠型顎《わながたあご》 vs トビムシ

構造的にはまったく異なっているにもかかわらず，ウロコアリ族（*Dacetini*）の大顎は，ネズミ捕りのような動きをする。大顎の先端が大釘のように尖っており，その内縁には医療用の針のように鋭い歯が並んでいる。その大顎で獲物を襲うときの素早さは，生物界において有機体がなし得る最速の動きとされている。

狩りを行うウロコアリ族の働きアリは，獲物に気づくと，大顎をできる限り大きく開いて襲いかかる（一部の種は180°かそれ以上開くことができる）。土壌や腐葉土層を這うように歩く小さなウロコアリ属（*Strumigenys*）も，樹冠をパトロールする比較的大きなホンウロコアリ属（*Daceton*）も同じようにする。大顎は後頭部の筋肉によってきつく引っ張られ，上唇の張り出し部分でロックされる。アリが上唇を戻すとロックが外れ，大顎が勢いよく閉じて，両顎の間に何があっても歯が突き刺さる。

ウロコアリ族の攻撃は速すぎて，肉眼では追えない。撮影した映像を分析すると，脳から上唇へインパルスが送られ，上唇の張り出し部分から大顎のロックが外されるのがわかる。それがたった1/5000秒で行われるのだ。それに続く攻撃は，1/2500秒で完了する。

遅い動きをしたあとに爆発的な素早い動きを見せるのは，ウロコアリ族という何百もの種からなる族の特徴だ。小型のウロコアリ族は，世界中の温暖な地域で最もよく見られるアリのひとつでもある。

近年，研究室で行われた実験により，広範囲に生息する原始的なアギトアリ属（*Odontomachus*）も，ウロコアリ族と同じくらい爆発的な素早い攻撃をすることが明らかになった。私がアギトアリ属の *Odontomachus brunneus* と初めて出会ったのは，アラバマ州でアリのコロニーを掘っていた少年のころだった。そのとき，罠型顎の二重攻撃に遭ったのだ。罠型顎で噛みつかれてから瞬時に針で刺され，焼けつくような痛みに襲われた。

マダガスカル島に生息する比較的原始的な種であるヘラアゴハリアリ属の *Mystrium camillae* は，同様の罠型顎が独自の進化を遂げている。彼らは，大顎の先端を押し合わせてから強くスライドさせ，勢いよく放す。これは人間が親指と中指を使って指を鳴らすときの動きとよく似ている。*M. camillae* のこの動きは，秒速およそ90m，つまり時速320kmを超える計算になる。アリのサイズを考慮すると，この秒速はあらゆる生物の中で別格の記録となる。

ウロコアリ族は，世界中の多くの土地に生息している。そして，熱帯林や温帯林で最大級の多様性と個体数を示すに至っている。1950年，故ウィリアム・L・ブラウン（著名なアリ学者であり，ハーバード大学での私の指導教官）が，この種の生息確認の最北端記録を更新した。この記録を破ろうと目論む根っからのアリ好きたちに教えよう。彼が見つけたコロニーは，ハーバード大学の生物学研究所の正面入口にある右側のサイ像の根元，草で覆われた土壌にあり，そこにウロコアリの集団が生息していたのだ。私がハーバードに在籍するようになった1951年には，アリはすでに姿を消しており，ハーバードに在職していた70年弱の間，一匹として戻ってくることはなかった。

1950年，ハーバード大学の博士課程の学生だったブラウンは，妻のドリスに助けられながら，1937年にウィリアム・M・ホイーラーが亡くなってから放置されていた比較動物学博物館のアリのコレクションを再編成し始めた。彼の熱意，とくにウロコアリ族にかける情熱はすさまじく，新入りだった私は強い影響を受けた。そして彼は，すぐに私を手伝いとして採用した。

私がまだアラバマ大学の学生だったころ，彼はこんな手紙を送ってくれた。「ウィルソン，きみが住んでいるアメリカ南東部には，ウロコアリ族の種が多く生息している。その中には，科学的な解明が進んでいないものもあるだろう。手に入るものはすべて見ておきたい。だから，アラバマで採取できるものを集めて，私のところに送ってほしい」。

それから彼は，私をより広範なアリ研究に誘った。彼はこんなことも言った。「ウロコアリ族が何を食べているか調べてほしい。そこらを這うように歩きながら，奇妙な大顎で何を狩って捕食しているのかを」。

われわれは喜びを共有していたが，ブラウンからの誘いがなかったとしても，私はこの小さなアリたちに魅了されていただろう。彼らは重要な問いを投げかけてきた。生物圏における彼らの役割は何なのか？　何を捕まえて食べるのか？　だが，研究者がフィールド調査で彼らのあとを追っても，食生活を記録することはできなかった。ウロコアリ族の巣を見つけるだけでもかなり難しく，落ち葉や腐った丸太の樹皮の下で狩りをする小さな働きアリを追うのはさらに困難を極めたからだ。

私はこの問題をある方法で解決した。のちにカフェテリア実験と呼ばれるようになったもので，彼らを追いかけて生息地へ行くのではなく，こちらから食べ物をアリに与えるというやり方だ。

私の用意したカフェテリアは，人工的な巣だった。焼き石膏でつくった長方形の巣で，大きさは人間の靴くらいだ。奥行きのある部屋が二つ並んでおり，アリが一方からもう一方へ移動できるよう，狭いトンネルでつながっている。各部屋はガラス板で覆われている。その上には別のガラス板が置かれている。この色は赤で，アリの眼には暗色として映る。アリのコロニーはどちらかの部屋に設置されるが，状況が許す限り，暗いほうが巣として選ばれる。

さて，実験開始だ。明るいほうの部屋に土壌，枯れ葉，腐った木，あるいは獲物になりそうなさまざまなもの（とくにアリのコロニーが発見された場所の近くで見つけたもの）を混在させ，微小生息地とした。これで彼らが戦利品を巣に運ぶとき，何を選んだかを確認できる。彼らの餌となるものには際限がないようだった。ダニ，クモ，ヤイトムシ，ムカデ，ヤスデ，センチュウ，ミミズ，ハエ，さまざまな甲虫，シロアリ，他種のアリなどは，そのうちのほんの一部である。

カフェテリア実験では，自然環境を模したものの中からアリが自分の食べるものを選ぶ。これは実際，驚くほどうまくいった。私はこの方法を使って，熱帯アメリカの森で私を魅了した別の謎にも光を当てることにした。とりわけ小さなオオズアリ属（*Pheidole*）の働きアリのコロニーが，森のあちこちにこれほど多く存在するのはなぜかという謎だ。もちろん生態系の調和を保つために，彼らが数多くいることが重要だったからだろう。だが，どんな経緯でそうなったのか？　何をしたからそこまで繁栄できたのか？　その生息地は彼らが選んだものなのか，それとも別の場所でもいいのか？　フィールド調査で中南米の多くのコロニーを観察してきた経験から，巣の場所が重要なのだろうと閃いた。アリは住む場所を新しくつくり出すのではなく，すでに住みやすい状態になっている場所を選んでいるのだ。そしておそらく，食べ物も重要だ。それは，生活環境に影響を与えるほど多様かつ特殊なものなのかもしれない。その答えを求めて，私はカフェテリア実験を行うことにした。

だが，その結果は意外なものだった。彼らの獲物はササラダニだったのだ。オオズアリ属は，この小さな球状の無害な菌食性ダニを，9月に収穫するカボチャのように大量に集めていた。それぞれのアリは，ときおり大変そうな様子は見せたが，基本的には単独で，生きたダニ（動く肢がついた小さな球体だ）を巣に持ち帰っていた。巣の仲間と共有する食糧だ。

小型のウロコアリ族の獲物について，さらに驚くべき発見があった。ウロコアリ族の優占種であるウロコアリ属が，小型かつ軟体で翅のない，さまざまな種類の節足動物を集めて人工巣に持ち込んでいたのだ。そこにはトビムシ類も含まれていた。彼らはあらゆる種類のダニや，ミズトビムシなどを運んでいた。ミズトビムシは，捕食者に対する防御反応として毒を出すことで知られる。そして，数ある中でもとくに彼らが好んだ獲物は，アヤトビムシ類であった。この小さな六脚類は，敵に遭遇すると，飛び跳ねて危機を回避する。彼らは世界中の農村地帯の入り組んだ場所に多く生息している。

私は，罠型顎のウロコアリ属とアヤトビムシが，絶え間なく戦っていることに気づいた。そして両者とも，爆発的な威力の武器を使っていた。一方は相手を捕まえるために，もう一方は相手から逃れるために。

ウロコアリ属は，それぞれ異なる形の罠型顎を採用することで，多種多様な狩りの方法を生み出してきた。ウロコアリ属の*Strumigenys louisianae*の働きアリは，アメリカ南東部によく見られる種で，ウロコアリ属のほかの小型種よりも，大胆かつ直接的な性質をもっている。恐ろしいトゲをもつ長い大顎が，自信につながっているのだろう。ウロコアリ属の働きアリは，トビムシ類に近づく際，ゆっくりと慎重に動く。そして大顎を最大の角度まで開ける。すると，一対になった上唇の突起から2本の長い毛が現れる。この毛は前方に向かって伸びており，大顎で攻撃する際に距離計の役割を果たす。獲物がその毛に触れたなら，獲物の体は十分届く位置にある。触れた瞬間，大顎を突然パチンと閉じ，トビムシ類を歯の先端で突き刺す。突き刺してできた穴からは，虫の血液である血リンパがしたたり落ちることが多い。トビムシ類が自分よりも小さい場合は，空中に持ち上げてから刺すこともある。大型のトビムシ類を除けば，たいていはアリに刺されるとすぐに動かなくなる。ほとんど抵抗もできず，短命である。

ウロコアリ属の*Strumigenys membranifera*の働きアリは，大顎が非常に短いため，獲物を狙うときは*S. louisianae*の働きアリよりも慎重に動く。トビムシ類の存在に気がつくとすぐに低くしゃがみ，その姿勢をしばらく保つ。背後や横にトビムシ類がいる場合は，ゆっくりと向きを変え，方向転換を終えると，じわじわと前進する。よほど注意深く，また粘り強く観察しない限り，見抜くことはできないだろう。数分後には，1mm以下の距離にまで接近して攻撃姿勢をとり，1分以上その状態でじっとしていることもある。*S. louisianae*とは異なり，*S. membranifera*の大顎は約60°までの三角形にしか開かない。獲物を感知できる毛はもっていて，最終的にこれが獲物に触れる。大顎での攻撃は*S. louisianae*と同じくらいの速さだが，通常は付属肢（触覚や肢など，体から突き出た部分）を狙うため，*S. louisianae*ほどすみやかには倒せない。トビムシ類はしばしば激しく抵抗して逃げようとするものの，*S. membranifera*はとても粘り強く，獲物を刺して動けなくするまで，つかんだまま放さないでいる。

話をまとめると，*S. louisianae*は比較的素早く獲物に近づき，そのあとに「攻撃する―持ち上げる―刺す」という固定的な行動パターンをとる。獲物が小さい場合は，最後の「刺す」という要素が省略されることもある。対照的に，*S. membranifera*は，より慎重に獲物に近づいてから「攻撃する―保持する―刺す」という動きをする。*S. louisianae*の行動パターンは長い大顎のウロコアリ族によく見られるものであり，*S. membranifera*の行動パターンは短い大顎のウロコアリ族によく見られるものである。

この2種のウロコアリ族に見られる差異の生態学的な意義は，私の考えでは次のようなものだ。*S. membranifera*は，狭いスペースでも大顎を動かすことができる。そのため身を潜めて採餌するのだと考えられる。日本のアリ学者である増子恵一は，セダカウロコアリ（*Strumigenys hexamera*）の極端に短い大顎を生かした技術を発見した。この奇妙な小型種のアリは，究極の待ち伏せハンターといえる。大顎は頭部の平面からやや上向きについている。その先端歯はとりわけ長く鋭くなっており，頭上に現れた対象を攻撃するのに使われる。ウロコアリ属の働きアリは，土壌の小さな隙間で狩りをすることが多い。通路が狭ければ，獲物と正面から対峙できるからだ。獲物を見つけると，すぐにしゃがみ込んで動きを止め，触角を頭部側面の凹溝に完全に引っ込める。大顎も閉じたままだ。トビムシ類や小さなジムカデ類のような獲物がすぐ近くにいても，決して近づこうとしない。その代わり，20分以上はじっとしていて，獲物が頭に飛び乗るのを待つ。その瞬間が来たら，大顎を即座に持ち上げ，長い先端歯で獲物を突き刺すのだ。

小型のウロコアリ族に好まれるトビムシ類は，とくにアヤトビムシ類だというのが昆虫学者たちの見解だ。アヤトビムシは体が小さくて軟ら

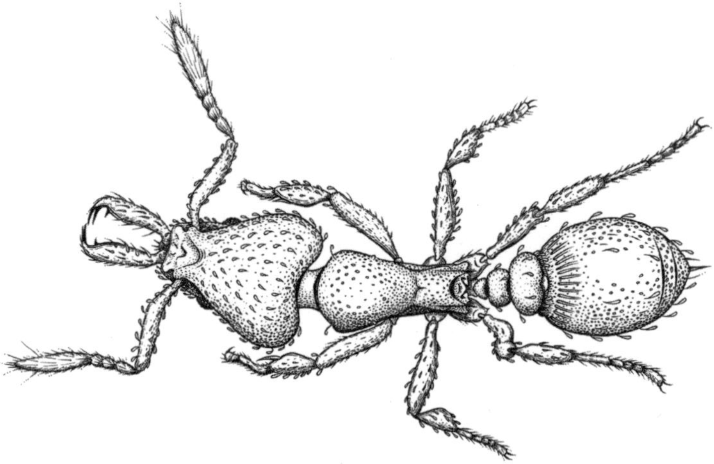

動きの速い獲物を捕まえる罠型顎（クリステン・オーア画）。アメリカ全土に広く生息する小型の*Strumigenys louisianae*は，その典型例である。

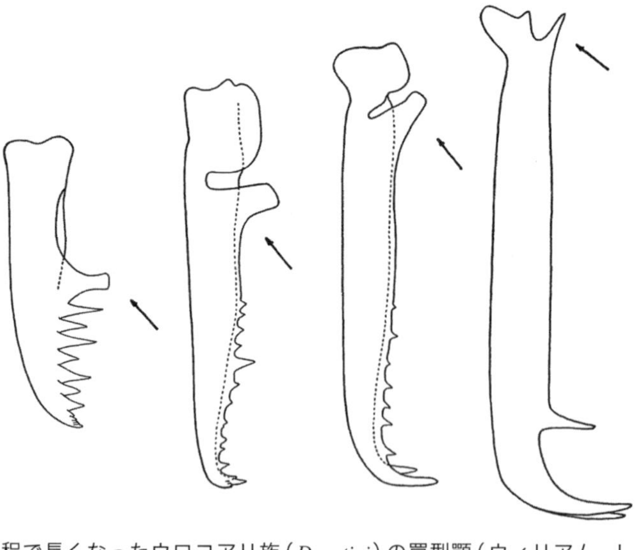

進化の過程で長くなったウロコアリ族（*Dacetini*）の罠型顎（ウィリアム・L・ブラウンとE・O・ウィルソンの1959年の研究より改変）

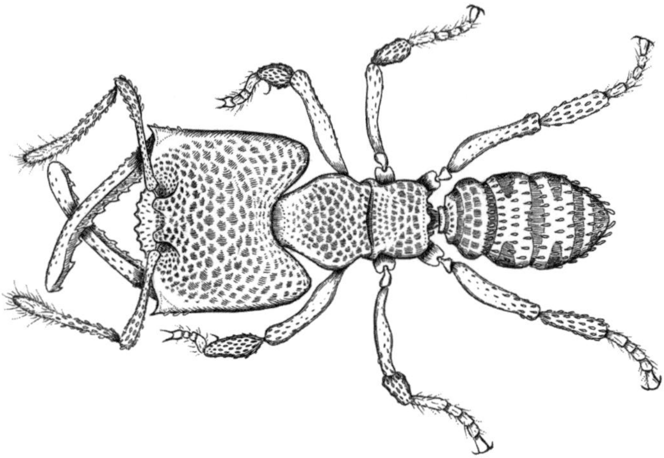

マダガスカルに生息するヘラアゴハリアリ属の *Mystrium camillae* の働きアリ（クリステン・オーア画）。人間が指をパチンと鳴らすときのような動きで，顎を勢いよく押しつけながら閉じ，猛烈な勢いで開く。

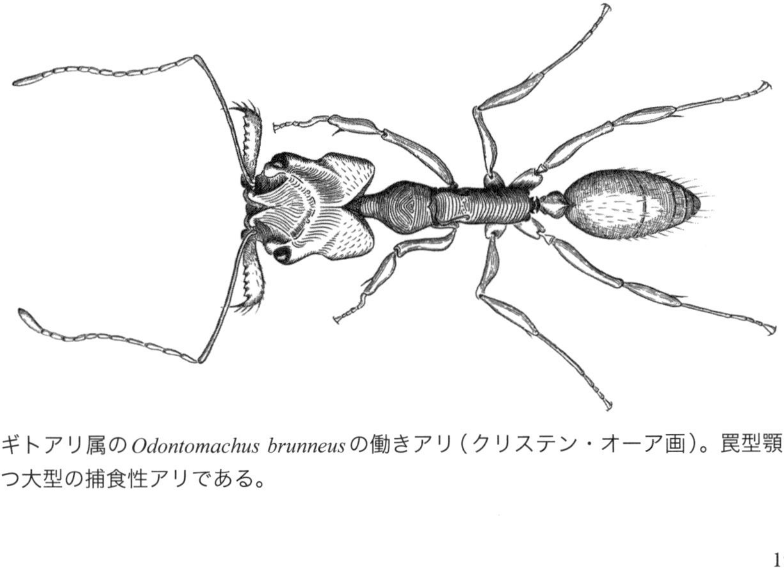

アギトアリ属の *Odontomachus brunneus* の働きアリ（クリステン・オーア画）。罠型顎をもつ大型の捕食性アリである。

かく，翅がないため，小型のウロコアリ族などの捕食者にとって，理想的な餌となるのだ。彼らは自然環境の陸地や水面であれば，ほとんどどこにでも生息している。アヤトビムシは，アリが生息していないエベレスト山の高地でも発見されている（ここでは小さなハエトリグモが捕食者になっている可能性が高い）。また，南極大陸のボストーク湖（常に分厚い氷床で覆われている）で採取した水のサンプルからも発見されている。アヤトビムシの繁殖個体群は，われわれの周りのあらゆる場所にいるのだ。彼らはいずれ，冬の晴れた日に北アメリカの雪山の上でさえ発見されるかもしれない。

アヤトビムシをはじめとするトビムシ類は，何百万年もの間，ウロコアリ族のような巧妙な捕食者と共存してきた。そこで互いの対応策が進化するのは必然であった。主要なトビムシ類の中には，捕食者を寄せつけないために，体から有毒物質を出すよう進化したものもいる。そしてアヤトビムシやそのほかの数種のトビムシ類の系統は，ほかの生物とはまったく異なる仕掛けを発明した。彼らは英語圏では「スプリングテール（跳ねるしっぽ）」と呼ばれているのだが，その名が表す通りである。彼らを狩るウロコアリ族が，ネズミ取りのような機能をもつ大顎を発達させたのと同様，トビムシ類も仕掛けを進化させたのだ。彼らの「しっぽ」は，専門用語では「跳躍器」と呼ばれ，腹部後端の下面にしっかりとくっついている頑丈な器官である。トビムシ類が命の危険にさらされると，跳躍器が解放される。これが勢いよく振り下ろされると，体が上向きかつ外向きに投げ出され，同程度の大きさの捕食者からは届かないところへ逃げられる。

私はアヤトビムシの跳躍距離を計測したことはない。だが彼らが人間と同じ大きさであれば，フットボール場くらいの距離を移動でき，その半分くらいの高さまでジャンプできると考えるのが妥当だろう。跳躍器の威力はすさまじく，ウロコアリ族が先に襲いかかってアヤトビムシの体に歯を沈めれば，そのまま一緒に宙に浮かんでしまうくらいだ。私は研究室でこの様子を見たことがある。だがウロコアリ族は，ほとんどの場合，しがみついたまま離さなかった。困るのは，帰路が長くなることくらいなのだろう。

23章

希少種を求めて

聖バシレイオスは，「実在するものについて知識を誇る者には，まずアリの性質を説いてもらいたい」と書いている。

アリ学者たちは，このバシレイオスの挑戦に正面から応えるべく，世界中の秘境を探検しながら，ユニークな挑戦と体を張った冒険を全身全霊で楽しんできた。そのため，アリについて学ぶ者たちは，研究者仲間で共有するだけではもったいないほどの，自然史への挑戦に興味のある者なら誰でも聞きたくなるような出来事を経験しているものだ。

オーストラリア南西部でマリーキバアリ属のアカツキアリ（*Nothomyrmecia macrops*）を探した経験は，科学的な観点からいえば，今までで最も価値あるもののひとつだった。この種は当時，現存種の中では最古のものとされていた。1931年，若い女性の生物学者が，馬に乗って西のエスペランスから東のナラボー平原（「ナラボー」＝「木のない」の意）まで砂地の荒野を横断しているときに，2匹の標本を採集したのが始まりだった。アリ学者たちは，そのハチのような解剖学的構造に魅了された。この種のコロニーは，その体の構造と同じくらい原始的な社会的行動をとるのが特徴で，1億年以上前に発生したとされるハチの祖先に端を発するアリ社会の起源を知る手がかりになるだろうと思われた。そして，その調査には生きたコロニーを研究する必要があった。1955年の夏，私は三人の仲間とともに採集地へ向かった。一人は陸路の車を運転する整備士，二人目はパースから来た生物学者，そして三人目は当時40代半ばの著名な遺伝学者であり，政府顧問であり，ベストセラー『アリと人間』の著者でもあるキャリル・パーカー・ハスキンズであった。キャリルは熱心なアリ学者であり，オーストラリアに生息する獰猛なキバハリアリ属（*Myrmecia*）に関しては第一人者だった。キバハリアリ属は，マリーキバアリ属の近縁種である。

広大なオーストラリアのアウトバックで野営テントを張ると，夜には涼しい風が吹き，ディンゴの鳴き声が聞こえた。ディンゴたちは，捨てられた残飯目当てでたき火に集まった。四方八方に未知の多様な生物がいるのが感じられた。それは真の意味での荒野といえるものだった。あとはアカツキアリさえ見つかれば，これ以上のものはないと思われた。

フィールド調査を開始して二日目の夜，キャリル・ハスキンズと私は，懐中電灯を片手に暗闇の中に出かけていった。アカツキアリの働きアリが夜行性で，暗闇で見つかるのではないかと期待したのだ。だがわれわれは何も見つけられないまま，すぐに道に迷ってしまった。砂地の荒野には道がなく，コンパスで方向を探し出せるような地形の特徴もなかったのだ。野営地に戻る道を見つけるには夜明けまで待つ必要がある。そうとわかると，キャリルは枕になりそうな形と大きさの岩を探し，その岩を持って空き地に入ると横になり，岩を枕にして眠りについた。一方，私は懐中電灯を片手に，彼の周りをぐるぐると円を描くように一晩中歩き回った。アカツキアリの働きアリが夜行性だったなら，働きアリが採餌のために巣から出てくるかもしれないと考えたからだ。

だがそのときも，その後も，運がなかった。4日間の探索で，われわれは科学的に未知のアリや既知の希少種のアリを2，3匹採集し，荒野の動植物相の壮大さを楽しんだ。そのとき，遠くの道路沿いに一台の自動車が通過するのが一瞬見えた。そして別の日には，どこからともなく白馬が近くまで走ってきた。その馬は数分ほどわれわれをじっと見つめていたが，その後，砂地の荒野に消えるように走り去っていった。

われわれはアカツキアリを見つけられなかった。1匹の働きアリすら見つからなかったのだ。場所は正しかったはずだし，確認は複数人で行った。それなのに，なぜ失敗したのか？　それから，われわれがアメリカに戻った後，アメリカの科学者たちがアカツキアリを探しているというニュースが，オーストラリアで広まった。これをきっかけに，地元の昆虫学者たちが独自の研究に乗り出した。オーストラリアで最も有名なアリを，オーストラリア人の手で再発見しなければならないと。

彼らの計画が成功したとき，われわれの失敗した理由が明らかになった。オーストラリアで研究を続けていたニュージーランド人のロバート・W・テイラーは，ハーバード大学で私の指導のもと博士号を取得し，キャンベラにあるCSIRO（オーストラリア連邦科学産業研究機構）で政府の研究員として働いていた。その彼がアカツキアリを発見するべく生息地を徹底的に調査しようと，当初の採集地への遠征を計画したのだ。

彼は初冬にキャンベラを発った。オーストラリアのキャンベラ南西部から南海岸のアデレードまで車で移動したのだ。初日の夜，彼らは街から少し離れたマリーの森でキャンプをした。マリーとはユーカリ属の中でも比較的低い木である。

キャンプのたき火の周りには寒気が漂っていたが，現地の昆虫たちの活動を止めるほどではなかった。夕食が済み，同行者たちが一息ついていると，テイラーは現地のアリ相の標本を採集するため，危険を承知でマリーの森に入った。しばらくすると彼は「ついに捕まえたぞ！　例の奴らをな！」と叫びながらキャンプに戻ってきた。

アカツキアリが再発見されたことで，このアデレードのキャンプ場は，同種のフィールド研究の中心地となった。コロニーもここで採集され，研究室に持ち帰られた。この種はやがて，現存するアリの中で最もよく知られる種のひとつとなった。そして，この種がアリの進化の初期段階にいるという可能性は，より確実なものとなった。

今では比較的密集したアカツキアリの個体群が発見できる。だからなおさら，「なぜ我がチームは努力しても1匹も標本を採集できなかったのか」という疑問が湧き上がった。その答えはすぐに明らかになる。われわれはエスペランス東部という最初に発見された場所で捜索したのだが，それを夏の暖かい日から暑い日にかけて行っていた。それが敗因だった。テイラーとその仲間たちは，比較的寒い，冬に近い気候を選んで捜索を行っていたのだ。アカツキアリが現存する理由，そのうちの少なくとも一部は，寒冷地に適応した種であるからだとされている。機敏な彼らは，寒さに強くて動きの遅い昆虫や節足動物の獲物を見つけて捕獲していたのだ。

アカツキアリとは真逆の気候を好む種に，ユーラシアやアフリカに生息するウマアリ属（*Cataglyphis*）がいる。強烈な暑さで死んだり動かなくなったりした獲物を拾い集めて餌とする彼らは，暑い気候と焼けつくような砂のもとで繁栄してきた。また，北アメリカの温帯地域に生息するアリの中に，寒冷地に生息するウワメアリ属の*Plenolepis imparis*がいる。ある気候に特化しているという点では，アカツキアリに近いといえよう。この種のコロニーは，冬の穏やかな日にひときわ活動的になり，巣から出て列を形成し，狩りにあたる。だが夏になると，地中深くに掘られた涼しい巣穴に逃げ込む。

チャールズ・ダーウィンが1835年にガラパゴス諸島を1カ月ほど訪

れた際に発見したように，太古からある大きな遠島には，多くの遺存固有種が——ほかのどこにもない動植物がある。そこにはある種のロマンがあり，また最高の科学的発見がなされる可能性もある。彼らは生物学の専門家たちに発見され，研究されるときが来るのを待っている。1969年，アリ学の第一人者であるウィリアム・L・ブラウンがマスカリン諸島を訪れたときにもそれが起こった。マスカリン諸島を構成するモーリシャス島は，大昔に絶滅したドードーという鳥の故郷である。

マスカリン諸島には，ドードーに相当するアリはいるのか？　とくにモーリシャス島の自然環境の中で生き延びてきた種はいるのだろうか？

この島で絶滅の危機に瀕した動物相の生き残りを探したければ，ル・プースに行くとよい。細長い連峰で，山の上は高原になっており，岩だらけの未開の森林が広がっている。その高原の調査はたった一度，それも計画の一部分だけが成功していた。その後，二度目の調査に臨んだブラウンは，次のような記述を残している。

> 4月1日，夕方の便でボンベイに出発する予定だったが，私は再びル・プースに挑戦した。資料を集めてくれたJ・ヴィンソン氏に電話をしたところ，ル・プース高原の本道は避けて通れないとのことだった。午後，現地に到着したが，その日の空は雲で覆われており，山頂では雨が降る恐れがあった。高原までは，徒歩で1時間ほどかかった。晴れた日曜日には雑木林の陰にもアリがほとんどいなかったのだが，今日は数mおきに葉の上や登山道の硬い土の上で採餌している働きアリを見つけた。ほとんどがモーリシャス固有種の，オオアリ属の*Camponotus aurosus*とアミメアリ属（*Pristomyrmexy*）の数種（か

> つては*Dodous*という異名も使われていた）だった。やがて，小道の脇にある小さな木の幹で，鮮やかな赤色のアリがまばらに樹皮を登っているのを見つけた。よく観察してみると，そこにいるアリのほとんどが，先週の日曜日に私が採集したデコメハリアリ亜科のアリだとわかった。だがそこには，見た目はデコメハリアリ亜科によく似ているが，腹部の一部が丸まっているアミメアリ属の*Pristomyrmex bispinosus*の働きアリも混じっていた。この生息地では，この２種が何らかの擬態をしているのではないかという印象をもたざるを得なかった。幹を登るデコメハリアリ亜科はそのほとんどが大顎で白っぽい球状のものを運んでいた。やがてそれは節足動物の卵，おそらくクモの卵だろうと判明した。私は高さ５mほどの木に登り，３m登ったあたりで巣を見つけた。２本の枝が交差しているところには，枝同士が触れた場所を囲むように厚い地《ち》衣《い》類《るい》が生えていた。そこで，枝を無理やり引き離してみると，強風で枝同士がこすれ合ったときに生じたと思われる，腐った空洞を発見した。枝の数cm奥まで空洞になっており，デコメハリアリ亜科とその卵，節足動物の白く丸い卵がたくさんあった。私の推定では，少なくとも200匹の働きアリを持ち出したり，発見したりしたが，もっとたくさんいたのかもしれない。

こののち，彼が書き残していないこんな事件もあった。ブラウンは高原の端の小さな峰に登ろうとした。だが斜面を6mほど登ったところで落雷があり，大雨で地面がぬかるんで，すべりやすくなった。ブラウンは斜面をすべり落ち，高い崖の縁まで落ちた。数分ほど小さな木の茂みにしがみついていたが，苦労の末にその日の成果物を回収すると，道に戻ってポートルイスに向かったという。

この鮮やかな赤色のアリは，研究があまり進んでいないカギバラアリ属の *Proceratium avium* という種であることが判明した。カギバラアリ属の多くは地下に生息するが，この種は地上に住み，ほかの昆虫の卵を餌とする。また，眼が顔の下のほうについていることから，*P. avium* という種は，モーリシャスの離島に先祖が到着したあと，進化の後期に地上で卵を集めるようになったと考えられる。

ウィリアム・L・ブラウンは，命を危険にさらしながらこのモーリシャスのアリを手に入れた。だが，彼は決して希少な古代種を持ち帰ろうなどと思っていたわけではない。彼はただ探索をしようとして，マスカリン諸島を訪れただけなのだ。どんな種類のアリが見つかるだろうと胸躍

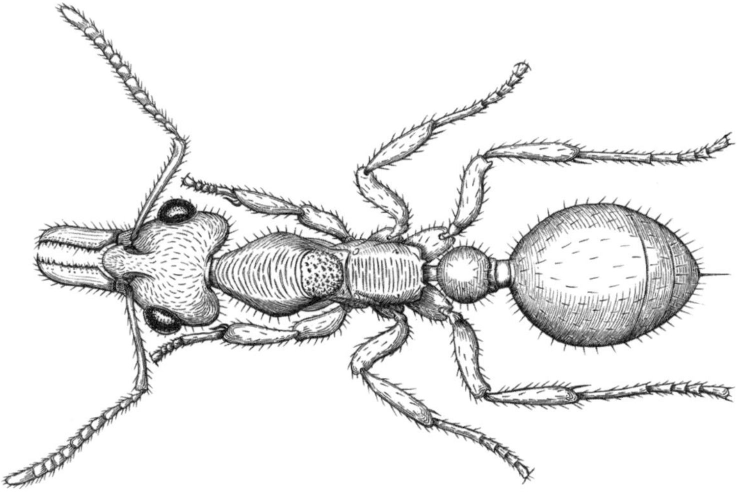

世界で最も原始的なアリ種のひとつとされるアカツキアリ（*Nothomyrmecia macrops*）の働きアリ（クリステン・オーア画）。オーストラリアに生息し，冬に活動を行う。

らせながら。

　きっと新しい世代の科学者たちも，「ここではどんな種が見つかるだろう」と期待に胸を膨らませながら，この惑星にあるさまざまな場所を訪れるのだろう。

24章

ある絶滅危惧種

2011年，私はフィールド生物学者のチームを率いてバヌアツに遠征した。かつてフランスとイギリスが共同統治していたニューヘブリディーズ諸島が属する国だ。バヌアツは新たに独立した民主国家になっていた。ロイド・デイヴィス，キャスリーン・ホートン，クリスチャン・ラベリングと私で，北にある大きな島エスピリトゥサント島とバヌアツの首都がある中央の島エファテ島で標本の採集を集中的に行った。実は57年前に，私はフランスの農園主一家の客人として，エスピリトゥサント島を訪れたことがある。地元の熱帯雨林で一日だけ採集をしたあと，体調を崩してしまい，次の便で帰らざるを得なくなったという苦い思い出だ。

ついにチームの一員として滞在してアリを探せる。われわれは両島の海岸沿いと中央山脈で徹底的に採集した。そして多くの新種を発見し，両島のアリ相を東南アジア全体の文脈に位置づけることができた。

次にわれわれは近くのニューカレドニアに目を向けたが，ここにはまったく別の課題があった。首都ヌメアにある開発研究所（IRD）の昆虫学者であるエルベ・ジョルダンから，絶滅したと思われていた重要な種，キバハリアリ属の*Myrmecia apicalis*が再発見されたとの連絡を受けたのだ。島でこの種をさらに探し，開発研究所で一緒に研究しないかとの誘いもあった。

ニューカレドニアのキバハリアリ属が昔から重要な存在であり続けているのには，いくつかの理由がある。一番の理由は，「ブルドッグアリ」という一般名の由来になったその大きさ，攻撃的な習性，強力な針をもつ彼らが，オーストラリア固有種の昆虫であることだ。オーストラリア国外に生息するキバハリアリ属は，この *M. apicalis* だけなのである。この種の祖先が海を渡った，つまり受精した女王アリが，おそらく単独でオーストラリアからニューカレドニアへの遠距離を飛び，ニューカレドニアの環境で独自に解剖学的構造を進化させたのだと考えられている。

学名のもととなったこの種の標本は，19世紀にヌメアの端にある森で採集された。現在では商業施設が建つ郊外となった場所だ。1954年，私はヌメア周辺にあるほかの森やそれより北にある森を何度も訪れ，*M. apicalis* を探したが徒労に終わった。やはりこの種は絶滅したのではないかと思われた。

しかし，そうではないと，エルベ・ジョルダンが手紙で教えてくれた。開発研究所にいる昆虫学者の同僚が，ヌメアの南東100kmの距離にある小さな島イル・デ・パン島でキバハリアリ属を見たというのだ。そこで我がチームもイル・デ・パン島でのアリ調査を初めて行うことができ，その過程で希少なアリ種の現況について知る機会を得た。

絶滅危惧種の状況を知る機会は，それ自体に科学的な価値があった。これまで希少種や絶滅種に関する研究のほとんどは，哺乳類，鳥類，爬虫類，両生類，淡水魚などの脊椎動物種を対象に行われてきたからだ。昆虫，クモ，ムカデ，カタツムリ，そのほかの無脊椎動物など既知の100万種以上に対しては，希少種に焦点を当てた研究はあまり行われてこなかった。だから残存種である *M. apicalis* を見つけて研究できれば，そのアリ種を救えるかもしれないし，無脊椎動物の絶滅に関する情報をわずかにでも増やせるかもしれないと，われわれは考えていた。

そうして，かつて流刑地であり，多くの在来種の生息環境が手つかずのまま残るイル・デ・パン島で，キバハリアリ属を探すことになった。最初に探したのは，中生代初期から存在する高木の針葉樹であるアラウカリアの森だった。その木の高さと美しさから，イル・デ・パン（松の島）という名がついたのだ。古くからある森で古代種のアリを探すのは理にかなっているように思えたが，そこには悪名高い侵略的外来種であるコカミアリ（*Wasmannia auropunctata*）の集団もいた。熱帯から亜熱帯の南北アメリカ大陸本土に住む在来種で，人間の荷物にまぎれてほかの熱帯地域へ持ち込まれた種だ。

マーク・ディーラップは『フロリダのアリ』という著書で，コカミアリを「狡猾な性質」と表現し，彼らが侵入した地域の環境をどのように支配するか描写している。以下に引用しよう。

> コカミアリの数匹の働きアリが，ほかのアリの採餌場や巣にゆっくりと入り込み，敵に足止めされると防御の姿勢をとる。だが，時間が経つにつれ，コカミアリの働きアリの数が増える。すると彼らは団結して，相手の嫌悪感や敵対心を誘発する化学物質で防御しながら，針で相手を採餌場から追い出し，侵入した巣の住民を殺す。征服したコロニーの大きいものは集められ，おそらく幼虫の餌になる。

アラウカリアの森では，このコカミアリがほかのアリ種や小さな甲殻類，トビムシ，ヤスデ，あらゆる種のアリが餌とする無脊椎動物などすべてを追い払っていることがわかった。

幸いなことに，イル・デ・パン島でキバハリアリ属が目撃されたときの正確な場所をエルベ・ジョルダンが把握していたため，われわれもそこに集まることができた。アラウカリアの森とはだいぶ様子が異なる，小さな美しい森だった。藪が生い茂り，5mほどの低い林冠が立ち並んでいた。コカミアリはおらず，胸をなでおろした。ジョルダンは道の端を歩いていたので，私は茂みや草本植物を捕虫網で払いながら，彼とは反対側の端を歩いた。

「ここだったと思う」と，ジョルダンが言った。彼は道から外れ，密集した藪に足を踏み入れると，すぐに「1匹見つけたぞ」と叫んだ。私は藪にトゲだらけの低木や蔓性の植物が潜んでいることにも気づかず，彼のもとへ駆け寄った。すると小さな木の幹の上から *M. apicalis* の働きアリがゆっくり歩いてきた。私が標本瓶を開けると，ジョルダンは親指とほかの指で木からアリをつまみとり，私に手渡そうとした。それなのに，私はそのアリを落としてしまった。ふと見上げると，同じ木の上から2匹目の働きアリが歩いてくるのが見えた。私が捕虫網を振り回している間に，ジョルダンがこれを拾い上げた。ジョルダンはアリに刺されて痛そうにしていたが，あきらめずに捕まえ続け，捕虫網を所定の位置に乗せると瓶底に落とした。こうしてようやく最初の標本が手に入ったのだ。

われわれは木の根元に彼らの巣を見つけた。その間に，クリスチャン・ラベリングはさらに二つのコロニーの巣を突き止めた。どの巣も荒らさず，昼夜を問わずにノートとカメラを使って観察を続けた。そのおかげで，われわれはこの全アリ種の中でもきわめて希少な種について，多くを学ぶことができたのだ。

巣の大きさと餌を探す働きアリの数から見て，数百匹程度の小規模なコロニーであった。巣はひとつの穴から垂直の通路が続き，そこから地下の部屋へとつながっていたが，掘り起こさないことにした。巣の入口はあまり目立たないが，周囲や上に少量のデブリスが目印として置かれていた。この種の働きアリは単独で餌を探す。働きアリは通常午前中に出発し，小さな木の幹を登って樹冠にたどり着くと，昆虫やそのほかの無脊椎動物を捕まえたり，死体を拾ったりする。そして夕方には食糧を携えて巣に戻る。巣の周辺を荒らされても攻撃はしない（オーストラリアに住むキバハリアリ属の多くは，数の多いコロニーが荒らされると攻撃に転じる）。この種は比較的臆病で，巣の外では慎重なため，大勢で外に出たり，生態系に大きな影響を与える行動をとったりしないのだ。

一方で，その逆は起こっている。つまり生態系が彼らを殺す場合がある。その致命的な要素がコカミアリで，このときも数km離れた場所に密集していた。疑いようもなく，コカミアリは隊列を組んで*M. apicalis*の巣を目指していた。

だが，この小型希少種に降りかかる陰惨な運命も，人間の手で変えられる。コカミアリたちの攻撃を止めさせて巣に戻らせ，ニューカレドニアのキバハリアリ属や，そのほかのまだ知られていない絶滅危惧種が生息する森林を保護区に変えて，注意深く監視するのだ。そうすれば，*M. apicalis*も未知の種も保護できる。イル・デ・パン島には，かつての囚人収容所が今も残り，観光の目玉となっている。希少な絶滅危惧種のアリたちも，同じかそれ以上に厳重に保護されるべきだろう。

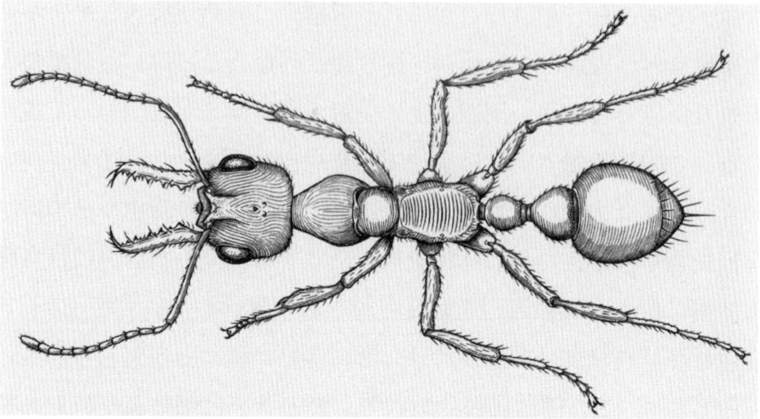

*Myrmecia apicalis*の働きアリ（クリステン・オーア画）。ハーバードにあるアリのコレクションの標本をスケッチしたもの。ニューカレドニアのイル・デ・パン島にて採集

2011年11月24日，絶滅した可能性のあるキバハリアリ属（*Myrmecia*）を探すため，ニューカレドニアのヌメアから近くのイル・デ・パン島へ向かう飛行機に搭乗する直前のエルベ・ジョルダン，クリスチャン・ラベリング，エドワード・ウィルソン（ジャン・ミシェル・ボレ撮影）

干潮時に浅瀬を歩く探検隊の一行。希少種の*Myrmecia apicalis*が発見された場所に向かう途中　左から右へ，クリスチャン・ラベリング，エドワード・ウィルソン，エルベ・ジョルダン，ロイド・デイヴィス，キャスリーン・ホートン（ジャン・ミシェル・ボレ撮影）

エルベ・ジョルダンが捕まえた*Myrmecia apicalis*の最初の標本が，エドワード・ウィルソンの捕虫網に落とされる瞬間（キャスリーン・ホートン撮影）。このとき，ジョルダンはこのアリに刺されている。

絶滅危惧種であるキバハリアリ属の*Myrmecia apicalis*の巣を初めて突き止め，森の奥から姿を現すエルベ・ジョルダンとエドワード・ウィルソン（キャスリーン・ホートン撮影）

*Myrmecia apicalis*の働きアリ（ジャン・ミシェル・ボレ撮影）

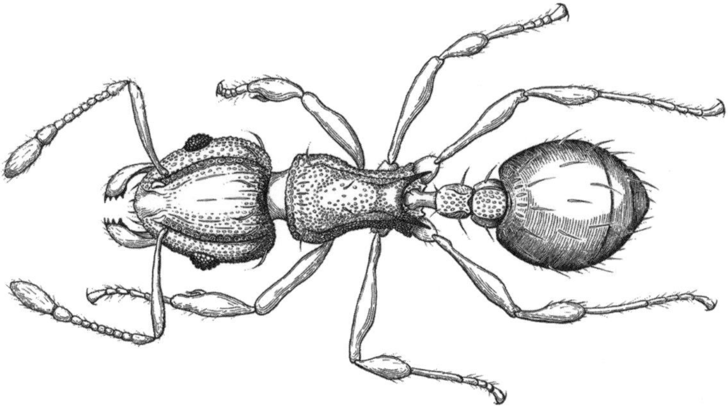

「殺戮」を行う種コカミアリ（クリステン・オーア画）。南アメリカの熱帯から来た侵略的外来種であり，イル・デ・パン島を含む世界中のアリ相を減少させる原因となっている。

絶滅の危機に瀕しているキバハリアリ属やそのほかの無脊椎動物の最後の生き残りかもしれない個体群が，コカミアリの大群に接近され，生存を脅かされている様子（キャスリーン・ホートン撮影）。このコカミアリは薄い灰色で，土やデブリスがついた腹部が光って見える。

25章

ハキリアリ：究極の超個体

1955年，私はフィールド生物学者としてのキャリア初期に，パプアニューギニアの低地熱帯雨林の1 km^{2}内で苦労して約175種のアリを同定した。これが世界記録であり続けると思っていたが，そうはいかなかった。後年，ステファン・カバーとジョン・トビンが，アマゾン川流域の一区域で，私の記録のおよそ2倍である355種を採集したのだ。

ニューギニアでの冒険から40年後，私は友人のトーマス・ラブジョイに誘われて，彼がマナウス近郊に設立したフィールドステーションを訪れた。誘いには飛びついた。なにしろ，アマゾンのアリを研究したいという長年の夢が叶ったうえ，快適な研究機関でそれが実現したのだから。

現地への旅は驚くほど楽だった。帆船で航海し，現地の従僕や武装した用心棒とともに，ジャングルの小道を鉈《なた》で切り開きながら長時間かけて歩くと，上流からは不吉な古めかしい音が鳴り響く，そんな伝説めいた探検をする時代は終わったのだ。そういう大変な旅とは大違いで，ボストンからアマゾン州の州都マナウスまで，一日で移動できるとわかった。夜明けに出発し，マイアミで飛行機を乗り換え，サントドミンゴで少しの間給油を待つ。そして長距離フライトでマナウスへ向かい，真夜中近くに着陸。仮眠をとってから，北へ向かって1時間ほど車を走らせると，フィールドステーションに到着した。

私は早く作業を始めたかったので，早起きして近くの公園まで歩いていった。現地のアリと，それを取り巻く昆虫たちを見たかったのだ。そこで最初に目にしたのは，かねてから見たいと願っていたアリだった。中型で赤褐色をしたそのアリの多くは，単独で徘徊していた。列を組んで走ったり，切り取ったばかりの葉を運んだりしているものもいた。よく知られているアリだ。英語圏では「リーフカッターズ（葉を切る者）」や「ファンガス・グロウアーズ（菌類栽培者）」と呼ばれる。ブラジルでは「サウヴァ」，パラグアイでは「イサウ」，ガイアナでは「クシ」，コスタリカでは「サンポポ」，ニカラグアとベリーズでは「ウィーウィー」，メキシコでは「クアタラータ」，キューバでは「ビビハグア」，そして彼らの生息域の最北端であるテキサスとルイジアナでは「マチアリ」や「パラソルアリ」と呼ばれる。西半球の温暖な温帯と熱帯地方を支配する昆虫のひとつだ。

マナウスの都市部でハキリアリ（現地語で「サウヴァ」）を見つけた私は「こんにちは，小さな仲間たち」と小さな声で挨拶した。

マナウスなどに生息する葉を切るアリ種は，ハキリアリ族（*Attini*）に分類される。アルゼンチンからルイジアナまでの熱帯地域と温帯地域に分布し，100種以上が属する比較的大きなグループだ。その主要な属は，ハキリアリ属（*Atta*）とトガリハキリアリ属（*Acromyrmex*）である。

ハキリアリ属とトガリハキリアリ属は，新鮮な植物を噛み砕いて菌床をつくり，そこで菌類を栽培する。その能力は，多様な動物の中でも特筆すべきものである。彼らはこの能力ゆえに，アリだけの巨大都市を構築できるのだ。菌類を栽培するハキリアリ族は，必要な植物がほぼ無限に手に入るため，どこに行っても繁栄できる。

あらゆるアリ種の中でもとくに有能な彼らは，共生菌を栽培するよう進化した庭師だ。その共生菌は，ハキリアリ族の世話がないと育たない。スペースは無限にあるため，いくらでも巣をつくれるし，新鮮な植物も大量に手に入るため，いくらでも菌類を栽培できる。だから彼らが生息する地域では優占種となっているのだ。

野生の新鮮な植物から菌類を大量に栽培するハキリアリ族は，なぜそこまで見事に進化できたのか。そして世界中にいるほかの動物たちは，なぜそれを真似できないのか。

ハキリアリ族の技術を他種が真似できないのは，その複雑さゆえだ。新鮮な植物を食用の菌類に変えるプロセスは，洗練された特殊なカーストによって複雑な分業ができるためになし得ていることである。それぞれのカーストは，大きさやアロメトリー（体の各部の成長の差）で物理的に分けられており，各作業を遂行するための本能的反応や働き方は，それぞれに異なる。アロメトリーから生じるカーストシステムが，アリ世界の社会秩序の基礎となっているのだ。

アロメトリーは，アリの社会的行動の基本であるだけではない。アリが大きくなればなるほど，体の部位の相対的な差も大きくなるという，きわめて単純な法則性でもある（「アロメトリー」は「相対成長」とも表現される）。アリの世界では，体の中央部（胸部）と後端部（腹部）が大きいほど，頭部の割合が大きくなるのが一般的だ。

ハキリアリのコロニーの中で，とくに小さいものは，マイナーワーカーやミニムワーカーと呼ばれ，一般的なアリと似た体部の比率をもつ。ではその真逆の，怪物級に大きい頭部をもつスーパーソルジャーは，どんな役割を果たしているのか？　彼らは巣の奥深くにいるため，巣を掘り進めないと見られない。この最大サイズのアリは，アルマジロやクマ，オオアリクイなどの大型捕食者から味方を守る存在なのだろうと私は考えていた。コロンビアのマグダレナ川沿いの農場に滞在していたある日，ハキリアリの巣が至るところにできているのを見て，こんな考えが浮かんだ。スーパーソルジャーは哺乳類の匂いに反応するようプログラムされているのではないか？　普通サイズのソルジャーが撃退できる普通の敵と危険な敵を見分ける方法が，ほかにあるだろうか？

私はこの仮説を検証するため，巣の端の周辺で穴を探した。それはスーパーソルジャーがいる巣の奥へ新鮮な空気を送り込む通気口だ。腹ばいになり，その穴に息を吹き込んだ。すると，数分もしないうちに，頭部の大きなアリが数匹出てきた。巣を壊さずに外で見たのは初めてだった。

スーパーソルジャーの頭はきわめて大きい。鋭く重い大顎は，巨大な顎閉殻筋《あごへいかくきん》によって閉じられる。大きな頭部の外骨格の中は，この内転筋が大部分を占めている。スーパーソルジャーがこの大顎を使えば，他種の昆虫のキチン質の防護器官や哺乳類の皮膚，人間のトレッキングブーツの革も切り裂くことができる。

一方，マイナーワーカーは，未熟な姉妹アリを育てる乳母として，多くの時間を巣の内部で過ごしている。また，菌類を栽培する役目も果たす。噛み砕いた植物で菌床をつくり，そこで彼らの主要な，あるいは唯一の餌である菌類を育てるのだ。だが，マイナーワーカーより大きな頭の兵隊アリと，それよりさらに大きな頭のスーパーソルジャーには，まったく別の役割が課せられている。彼らは厳しい条件でも戦える兵士であり，巣の内部まで掘り進んでくるアリクイや農場経営者などの敵をいつでも攻撃できるように，臨戦態勢をとっているのである。

マイナーワーカーには，少なくとももうひとつ，重要な役割がある。巣の仲間のために，ある仕事をするのだ。中程度の大きさのミディアムワーカーは巣をつくり，新たに切りとった葉の小片を処理し，菌床をつくって菌類を育てる。このミディアムワーカーが菌園のためにせわしく葉を切り取っているとき，ノミバエという小さな寄生バエに襲われやすくなる。この機敏なハエは，すばやく飛んできてアリに卵を産みつける。その卵はすぐに孵化して幼虫になると，アリの外骨格に穴を開けて体内に入り込み，最終的にはアリを殺す。やがてノミバエは成虫として羽化し，新しいライフサイクルを始める。ミディアムワーカーは，切り取った葉を持ち帰るときが最も狙われやすい。そこでマイナーワーカーが彼らの警備員として活躍するのだ。彼らはミディアムワーカーが葉を集めるとき，葉の上に乗って，生きているハエが羽ばたくような動きをする。そして，ノミバエがターゲットに近づくと，マイナーワーカーは後肢で蹴って追い払う。

ハキリアリ族は，人間が高い人口密度で暮らすのと同じように，密集した群れを形成することができる。そのコロニーは巨大で，世界全体で知られている社会性昆虫の中では最大規模である。母なる女王アリは，結婚飛行で複数のオスアリと交尾し，2～3億個の精子を受け取って受精嚢に貯めておく。そして10年から15年の寿命の間に，精子をひとつずつ受精嚢から取り出す。女王アリは生涯で1億5000万匹から2億匹の働きアリを産む。アメリカの人口の半分にあたる数だ。そうしてコロニーを最大限まで成長させる中で，ほかの場所でも新しいコロニーをつくれるように，複数の新女王アリとオスアリを育て始める。

成熟したハキリアリのコロニーがつくる巣は，おそらく自然界の動物が個々でつくる巣，また集団でつくる巣の中で，最大級の規模を誇る。およそ6年前につくられたと推定される，あるチャイロハキリアリ（*Atta sexdens*）の巣は，1920個の部屋をもち，そのうち238個の部屋が菌園とその世話をするアリに使われていた。トンネルと部屋はすべてつながっていて，複雑なネットワークを形成していた。このコロニーを掘り起こす際に運び出され，地表に積まれた土の重さは，約40tであった。

ハキリアリのコロニーでは，働きアリのカーストがはっきり識別できるようになっており，強力な分業制が敷かれている。個々のコロニーが「超個体」と呼ばれるのも納得である。この表現は，1910年に偉大なアリ学者ウィリアム・M・ホイーラーによって初めて使用されて以来，生物学者によって断続的に使われてきた（断続的にというのは，この概念が批判され，使われない時期があったという意味だ）。コロニーが生き残るには，コロニー内の働きアリやそのほかの昆虫が，緊密に協力し合わなければならない。器官が組み合わさって，一体の動物を形成するのと同じだ。この二つは明らかに似ている。兵隊アリとハエを追い払うマイナーワーカーは防御機構，女王アリは生殖器官，菌園の世話をするマイナーワーカーは消化器官，ミディアムワーカーは脳や手，足，感覚器官などのさまざまな器官に当てはめられるからだ。

個体のために分業制が生まれた結果，個々のアリだけでなく，コロニー自体も進化の単位となった。コロニーは時間とともに変化し，周辺に住む同種のほかのコロニーと競うようになる。その結果，コロニーレベルでの自然淘汰が起こる。コロニーのメンバー間でも自然淘汰が起こる。利他主義や戦闘時の勇敢さなどの社会的形質は，「集団選択」によって形成される。つまり「コロニー対コロニー」の原理により，働きアリはコロニーのために行動を選ぶようになる。一方，個のレベルで行動を選ぶと，働きアリ，女王アリ，オスアリたちはスペースや食糧，繁殖の権利などを競って，利己的な行動をとってしまう。

ハキリアリは，どこにでも生息している。それは女王アリの驚異的な繁殖力と長寿命（キャスリーン・ホートンの研究室にあったひとつのコ

ハキリアリの働きアリたちが分業していることがよくわかる，印象的な一枚（アレックス・ワイルド・フォトグラフィー撮影）。中サイズのミディアムワーカーが切り取ったばかりの葉を運び，それで菌類を育て，自分たちの餌とする。葉の上に乗っている最小サイズのマイナーワーカーは，ミディアムワーカーを守るために，寄生バエを追い払っている。

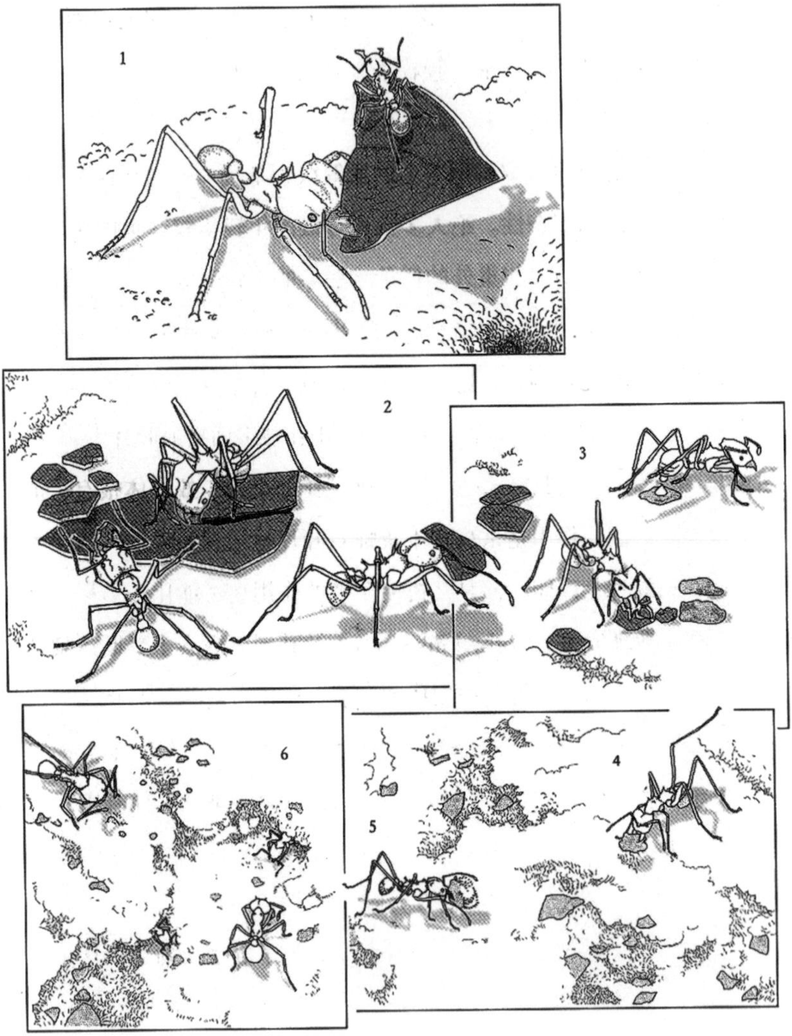

植物の小片を集め，それを菌園の基質として，餌となる菌類を栽培する（バート・ヘルドブラー，E・O・ウィルソン著『ハキリアリ：農業を営む奇跡の生物』より）。

ロニーでは，女王アリが13年生き，オスアリと新女王アリを複数産んだ）と，働きアリの勤勉で意欲的な働きぶりのおかげだ。しかしその働きぶりゆえに，近隣に住む人間に，経済的な損害を与え続けてもいる。ひとつのコロニーだけで何tもの土を移動させれば，その分だけ人間の農業生産量が減る。また，ひとつのコロニーが一晩で柑橘類の木を丸裸にすることもあれば，農家の畑ひとつを丸ごと破壊することもある。そういったことを，ハキリアリは日常的に行っている。

初期のポルトガル人入植者は，この偉大な六脚類の敵に，こんな慣用句を与えた。「ブラジルがアリを征服するか，アリがブラジルを征服するかだ」と。ここで言及されているアリは，着生植物の庭園から何千匹単位で下りてきて，侵入者に噛みつき，蟻酸を噴霧する獰猛な樹上性のオオアリ属（*Camponotus*）のことではない。また，鋭い針で刺し，ただの茂みをイラクサに変えるクシフタフシアリ属（*Pseudomyrmex*）でもない。それなら手で振り払えばいい。また，アメリカやそのほかの国に持ち込まれ，害虫とみなされているトフシアリ属のヒアリ（*Solenopsis invicta*）でもない。また，前に立ちはだかる動物なら大小問わず駆逐するグンタイアリも，まだ許せる範囲内だ。

初期のポルトガル人入植者が先ほどの慣用句を与えたのは，庭や作物を破壊し，牧草地を台無しにするハキリアリであることは間違いない。

ハキリアリは征服できなかったし，ブラジル人も譲歩しなかった。その結果が今の膠着《こうちゃく》状態だ。とはいっても，それも環境の恵みと位置づけることができる。雄大な雨林やサバンナ，そのほかの陸の原野で，ハキリアリは土壌を変えているからだ。この重要な役割と，古代から続く草食動物としての役割を果たす中で，ハキリアリはユニークな生態系をつくり出し，生息地全体の生物多様性を高めているのだ。

ハキリアリは自然条件下で成功を収めた超個体だ。コントロールはできないが，生命の源であり，人々を驚嘆させる存在であり続けている。

26章

恐竜の時代のアリ

1950年代，私は指導教官のウィリアム・L・ブラウンと，アリの祖先の進化について繰り返し意見を交わした。われわれやほかの学者たちが研究してきた数多くのアリの生存種は，その優占種がいつどこで生まれたのかについて，わずかな手がかりしか与えてくれていなかったのだ。アリの起源の場所は？　時代は？　そしてできるなら，なぜ生まれたのかも知りたかった。

研究すべき化石はたくさんあった。アリが入ったバルト海の琥珀が，数多く見つかっていたからだ。およそ5000万年前，始新世の時代に，現在の北海周辺でできた天然樹脂の化石だ。ハーバード大学の前任者であるウィリアム・M・ホイーラーが，壮大なコレクションを構築するとともに，詳細な記述を残していた。バルト海の琥珀からは，アリが今に至るまでにどのような進化を遂げてきたかがよくわかったが，一般的なアリの起源を示す明確な証拠は見つからなかった。既知のデータから推し量ることしかできなかったのである。それでも，われわれはバルト海の琥珀の化石をもとに，アリの祖先の傾向を探り出そうとしていた。

われわれは，アリの最古の祖先がどんな姿をしていたかを推測した。有剣類《ゆうけんるい》のハチの仲間である彼らは，単独性から社会性へと生活様式が大きく変わることを運命づけられていた。より古い化石――バルト海の琥珀よりもはるかに古いもの――があれば，さらに詳しくわかるだろうと思った。恐竜を含む「爬虫類の時代」，中生代の最初期，白亜紀までさかのぼる時代のアリが入った琥珀がどうしても必要であったが，より古い堆積岩からとれる化石は少なかった。

好機が訪れたのは，1966年だった。ニュージャージー州マウンテンサイドに住むアマチュア収集家のエドモンド・フレイ夫妻が，ニュージャージー州のある場所で白亜紀の琥珀をいくつか見つけ，それを調べているときに，2匹の働きアリが入った琥珀を発見したのだ。夫妻はこの科学的に貴重な化石をハーバード大学に惜しみなく寄贈してくれた。こうして私は，約9000万年前のアリをつぶさに観察する機会に恵まれたのだった。

この古代の働きアリからどんな新発見があったか？　彼らの外部解剖学（少なくとも目に見えるものすべて）は，ビル・ブラウンと私が予測していたものと一致していたが，部分的な一致でしかなかった。解剖学におけるいくつかの特徴は，われわれが予想していたよりも原始的なものだったのだ。つまり，ニュージャージー州で見つかった白亜紀のアリには，アリの祖先であるハチに共通する形質と，アリの初期形質に独自の形質を組み合わせたものが混ざっていた。そのリストの一部を以下に挙げよう。

大顎はハチに似ている
体の中間部はアリに似ている
「腰部」から後部はアリに似ている
触角はハチとアリの中間のような形である

私はこの化石に入った種をアケボノアリ（*Sphecomyrma freyi*）と正式

に命名した。属名の「*Sphecomyrma*」は「ハチのようなアリ」という意味で，種名の「*freyi*」はこの標本を発見したフレイ夫妻を称えて名づけた。

カナダのアルバータ州やミャンマーでも，類似の琥珀が見つかった。これらにも同種のアリが入っていた。こうしてしばらくの間，アリの起源のミッシングリンクが見つかった，もしくは起源に近づいたと思われた。アリは形質を受け継ぎ，わりと直線的な進化を遂げた中生代のハチの祖先から分化して生まれたように見えたのだ。

だが突然，すべてがひっくり返った。少なくとも，地質学的な時間で考えるとそうだった。中生代の化石のコレクションが増え，今いるアリの進化上の祖先がはっきり定義されるようになると，初期のアリは直線的に進化していなかったことがわかった。そうではなく，より成功した種は適応放散していたのだ。彼らが生息していた爬虫類時代の生態系の中で，異なるニッチに適応した一種または少数種から，多様な種が出現していた。

中生代後期から適応放散した一種かごく少数の種から，現代の多様なアリ相のクラウングループが複数誕生したのである。フィリップ・バーデン，ゲンナジー・ドルスキー，デビッド・A・グリマルディやその仲間の分析者たちが示すように，それぞれが適応放散の産物であった。

この増殖の多くは，働きアリの頭部の構造に表れている（少なくとも化石を見ればそれがよくわかる）。食べものを手に入れたり，敵から身を守ったりするための手段がどのように異なるかは，頭部の構造を見ればわかるのだ。頭部の解剖学的な変化がとりわけ顕著に現れたのは，ハイドミルメクス属（*Haidomyrmex*）が生まれたころだ。この種の標本を初めて発見したのも，最初に研究したのも，ロシアの昆虫学者ゲンナジー・ドルスキーである。属名はギリシャ語で「冥界《めいかい》のアリ」を意味し，アリ学者の間では「地獄アリ」とも呼ばれている。従来の罠型顎種を含むほかのアリが，大顎を（拍手のように）水平に動かすのに対し，大顎を90°立てて進化したハイドミルメクス属は，上下に垂直に動かしていた（こうすると大顎の下部と上唇がくっつく）。この種がある甲虫の幼虫を捕まえている瞬間を固めた琥珀が発見されたため，その大顎の独特な動きが明らかになったのだ。

私はときどき，ほかの生物学者たちに「もしも魔法のように地球上のどこにでも,歴史上のどの時代にでもほんの数時間だけ行けるとしたら，いつの時代のどこに行きたいか」と,お遊びで訊ねる。私の答えは決まっている。「ハイドミルメクス属をはじめとしたアリが多く生息している，1億年前の中生代の森に行ってみたい」と。

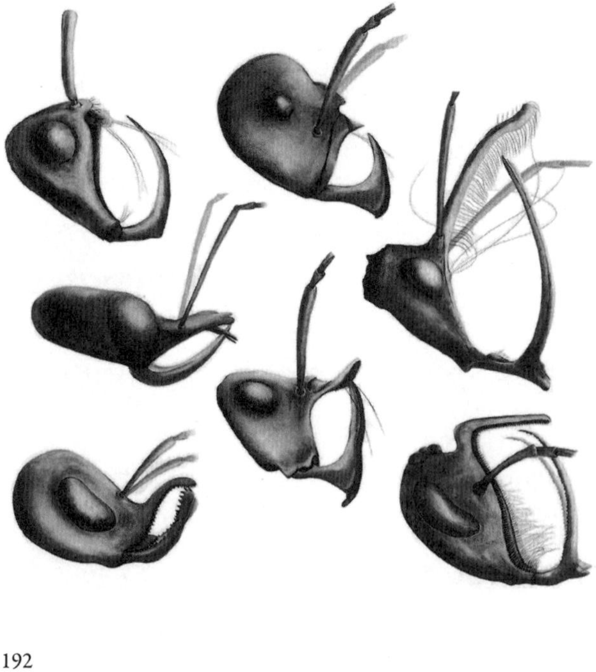

中生代の「地獄アリ」のうち，恐竜と共存していた7種の頭部を横から見た図（フィリップ・バーデン画。許可を得て描かれたもの）。現代のアリは大顎を水平に動かすが，彼らは大顎を上下に動かす。

謝辞

本書を執筆するにあたり，多くの方々にご協力いただいた。とくにハーバード大学のキャスリーン・ホートンとリヴライト・パブリッシングのロバート・ヴァイルからは，多くの助言と支援を得た。ハーバード大学でのアリ学の同僚であるステファン・カバーとデビッド・ルバタッジには，重要な修正や貴重な情報追加などの面で協力を仰いだ。クリステン・オーアは，本書に登場する種の正確なデッサン画を提供してくれた。

著者について

エドワード・O・ウィルソンは，1929年にアラバマ州バーミンガムに生まれた。幼少時から自然環境に興味を抱き，アラバマ大学で進化生物学を学んだのち，ハーバード大学で41年間教鞭をとるなど，科学研究と教育に専念。33冊の著書と400本を超える学術論文は，科学と文学の分野で100以上の賞を受賞しており，『人間の本性について』と『アリ』(バート・ヘルドブラーとの共著)でピューリッツァー賞を二度受賞したほか,アメリカ国家科学賞,スウェーデン王立科学アカデミーがノーベル賞の対象外の分野に与えるクラフォード賞，日本の国際生物学賞，イタリア共和国大統領賞とイタリア国際ノニーノ賞，アメリカ哲学協会のベンジャミン・フランクリン・メダルなどを受賞している。保全生物学への貢献に対しては，全米オーデュボン協会からオーデュボン・メダル，世界自然保護基金からゴールドメダルを授与されている。個人的，職業的な面から彼の生涯を描いた回顧録『ナチュラリスト』は，ロサンゼルスタイムズ文学賞の科学部門を受賞。また，フィクションの分野にも進出しており，小説『アリ塚』が『ニューヨーク・タイムズ』紙のベストセラーリストに選出された。2011年，アメリカペンクラブは，彼を称えてE・O・ウィルソン文学科学執筆賞を創設した。現在もフィールド調査や執筆，保護活動などに積極的に取り組んでいる。妻のアイリーンとともにマサチューセッツ州レキシントンに在住。

エドワード・O・ウィルソンの著書

- 『ヒトの社会の起源は動物たちが知っている：「利他心」の進化論』（NHK出版，2020年）
- 『ヒトはどこまで進化するのか』（亜紀書房，2016年）
- 『若き科学者への手紙：情熱こそ成功の鍵』（創元社，2015年）
- 『人類はどこから来て，どこへ行くのか』（化学同人，2013年）
- 『ハキリアリ：農業を営む奇跡の生物』（飛鳥新社，2012年）
- 『創造：生物多様性を守るためのアピール』（紀伊國屋書店，2010年）
- 『バイオフィリア：人間と生物の絆』（筑摩書房，2008年）
- 『生命の多様性（上・下）』（岩波書店，2004年）
- 『生命の未来』（角川書店，2003年）
- 『知の挑戦：科学的知性と文化的知性の統合』（角川書店，2002年）
- 『生き物たちの神秘生活』（徳間書店，1999年）
- 『社会生物学』（新思索社，1999年）
- 『蟻の自然誌』（朝日新聞社，1997年）
- 『人間の本性について』（筑摩書房，1997年）
- 『ナチュラリスト（上・下）』（法政大学出版局，1996年）
- 『精神の起源について』（思索社，1990年）
- *The Origins of Creativity*（2017）
- *Half-Earth: Our Planet's Fight for Life*（2016）
- *A Window on Eternity: A Biologist's Walk Through Gorongosa*

National Park (2014)

- *Why We Are Here: Mobile and the Spirit of a Southern City*, with Alex Harris (2012)
- *Kingdom of Ants: José Celestino Mutis and the Dawn of Natural History in the New World*, with José M. Gómez Durán (2010)
- *Anthill: A Novel* (2010)
- *The Superorganism: The Beauty, Elegance, and Strangeness of Insect Societies*, with Bert Hölldobler (2009)
- *Nature Revealed: Selected Writings, 1949–2006* (2006)
- *From So Simple a Beginning: The Four Great Books of Darwin*, edited with introductions (2005)
- *Pheidole in the New World: A Hyperdiverse Ant Genus* (2003)
- *Biological Diversity: The Oldest Human Heritage* (1999)
- *The Ants*, with Bert Hölldobler (1990; Pulitzer Prize, General Nonfiction, 1991)
- *Success and Dominance in Ecosystems: The Case of the Social Insects* (1990)
- *Genes, Mind, and Culture*, with Charles J. Lumsden (1981)
- *Caste and Ecology in the Social Insects*, with George F. Oster (1978)
- *A Primer of Population Biology*, with William H. Bossert (1971)
- *The Insect Societies* (1971)
- *The Theory of Island Biogeography*, with Robert H. MacArthur (1967; new edition 2001)

著者

エドワード・O・ウィルソン／ Edward O. Wilson

1929 年生まれ。ハーバード大学名誉教授。科学研究と教育に専念する中で，33 冊の書籍と 400 本以上の学術論文を執筆。二度のピューリッツァー賞のほか，アメリカ国家科学賞，スウェーデン王立科学アカデミーが授与するクラフォード賞など，科学や文学の分野での受賞歴は 100 を超える。2014 年，『ヒトはどこまで進化するのか』で全米図書賞のファイナリストとなる。現在もフィールド調査や執筆，保護活動などに積極的に取り組んでいる。妻のアイリーンとともにマサチューセッツ州レキシントンに在住。

監訳者

大河原恭祐／おおかわら・きょうすけ

埼玉県川越市出身。北海道大学大学院博士課程卒業後，金沢大学理学部生物学科に赴任。現在，同大学理工学域生命理工学類准教授。専門はアリを材料とした行動生態学，群集生態学と鳥類を材料とした群集生態学。主な研究テーマはウメマツアリ属の特殊繁殖行動，種子散布を通じたアリと植物の共生関係，渡り鳥による種子散布ネットワーク動態など。

訳者

川岸 史／かわぎし・ふみ

翻訳家。立教大学ドイツ文学科卒。『世界で一番美しい馬の図鑑』(エクスナレッジ) で 2017 年度 JRA 馬事文化賞受賞。ほかの訳書に『イマジン ～ ジョン & ヨーコ ～』(ヤマハ)，『建築する動物』(スペースシャワーネットワーク) などがある。映像・コミック翻訳，「通訳・翻訳ジャーナル」(イカロス出版) でのコラム執筆も行う。

アント・ワールド
～アリの世界～

2021 年 4 月 15 日発行

著者　エドワード・O・ウィルソン
監訳者　大河原恭祐
訳者　川岸 史
翻訳協力　株式会社トランネット
http://www.trannet.co.jp
編集協力　松川琢哉
編集　道地恵介，目黒真弥子
表紙デザイン　岩本陽一
発行者　高森康雄
発行所　株式会社 ニュートンプレス
〒112-0012　東京都文京区大塚 3-11-6
https://www.newtonpress.co.jp

ISBN 978-4-315-52357-7

カバー表 4 画像，表紙表 4 画像：©tamara